UI设计
蓝湖火花集
交互+视觉+产品+体验

蓝湖产品设计协作 编著

电子工业出版社
Publishing House of Electronics Industry
北京·BEIJING

内容简介

随着互联网的发展，UI 设计不断产生新的趋势，设计师也被赋予了更多不同的职能。想要在 UI 设计行业走得更远，设计师需要通过学习进行自我提升，而吸取不同的经验和观点就是很好的自我提升方式之一。

本书集结了 13 位设计师对 UI 设计的看法和经验总结，囊括了 UI 设计中的视觉设计、交互设计、用户体验、数据分析等知识和技能的讲解，还提供了设计工作中的职业规划、团队协作、能力提升等方法。无论是设计师，还是设计爱好者，或者是互联网其他从业人员，都能从本书中获得 UI 设计的灵感和启发。

未经许可，不得以任何方式复制或抄袭本书之部分或全部内容。

版权所有，侵权必究。

图书在版编目（CIP）数据

UI设计蓝湖火花集：交互+视觉+产品+体验/蓝湖产品设计协作编著.--北京：电子工业出版社，2019.7
ISBN 978-7-121-36717-5

Ⅰ.①U… Ⅱ.①蓝… Ⅲ.①人机界面－程序设计 Ⅳ.①TP311.1

中国版本图书馆CIP数据核字(2019)第106671号

责任编辑：田 蕾
印　　刷：北京虎彩文化传播有限公司
装　　订：北京虎彩文化传播有限公司
出版发行：电子工业出版社
　　　　　北京市海淀区万寿路173信箱　　邮编：100036
开　　本：787×1092　1/16　印张：19.5　字数：561.6千字
版　　次：2019年7月第1版
印　　次：2023年7月第6次印刷
定　　价：99.00元

凡所购买电子工业出版社图书有缺损问题，请向购买书店调换。若书店售缺，请与本社发行部联系，联系及邮购电话：（010）88254888，88258888。

质量投诉请发邮件至 zlts@phei.com.cn，盗版侵权举报请发邮件至 dbqq@phei.com.cn。

本书咨询联系方式：（010）88254161～88254167转1897。

因为工作的原因，我接触过很多设计师，他们有着不同的性格、不同的爱好，每个人都具有鲜明的个人特色。但是无论是新入行的设计新人，还是已经经过多年历练的资深设计大拿，或是知名产品的项目负责人，他们都有一个共同的特征：非常热衷于学习。

设计师，是最好学的人群之一，这是从普遍意义上来讲的。每个职业中都有好学的人，唯独设计师行业，学习，每天不断地学习，几乎已经成为这个职业的标签。促成这个结果的原因有很多，我尝试着总结了一些，主要有以下几个方面。

1. 设计的流行趋势是不断变化的

设计的流行风格，受到很多因素的影响，例如人文、地域、习俗、心理，甚至某个新崛起的产品，或者突发性的事件。而这些因素，又会随着时间的变化而变化。不是每一位设计师都能引领潮流，但是走在潮流最前沿是绝大多数设计师的追求，因此他们需要不断地拓展自己的认知领域，不停地探知自己未知的世界，他们对所有新生事物都充满了好奇，并能殚精竭虑地去钻研。

2. 设计工具持续更新迭代

Photoshop、Adobe XD、AI、Sketch、AE……设计工具种类繁多，每一种都有自己独特的优势，设计师不能只学习一种，他们需要把所有工具都研究透彻，然后根据自己的工作内容，选择适合的工具。而在科技飞速发展的当下，设计工具飞速地更新迭代，新兴设计工具不断地崛起，这些都迫使设计师们打起十二分的精神，不停地钻研各种新工具、新功能，稍有懈怠，便会被整个行业远远落下。毕竟，设计工具是设计师们吃饭的家伙什儿，其重要性不言而喻。

3. 设计师的工作方式在不断变化

很多人对设计师的工作都存在着很大的误解，他们认为，设计师的工作只是根据需求作图。事实上，设计师要做的工作非常多，如剖析需求方的需求；剖析设计的用户群体；构造多个相应的设计方案，然后选出最合适的那个；完成设计作品；交付设计图。

其中交付设计图这一项，又包含了大量冗杂的工作：根据各方设计修改建议进行设计图返工修改、标注、切图，将设计图、标注图、切图分门别类地打包，发送给各个需求方。这部分工作，曾经占设计师工作时间的一半，甚至更多。

后来，为设计师减负的各种工具慢慢出现，如蓝湖，可以帮助设计师自动标注、切图，系统管理设计图，快捷方便地收集各方反馈等。设计师们为了更高效地工作，需要不断地去发掘并研究好用的工具，然后写产品测评，分享给自己的同行们。

绝大多数的设计师在社交工具里，都曾分享过各种"设计神器"，每一种好用的工具的出现，都能轻而易举地在这个圈子里引起一场小规模的狂欢，原因无他：设计师是一群对新生事物接纳度非常高的极客，他们甚至可以为自己喜欢的工具去做 Re-Design（重新设计）。

正是这个圈子里"爱学习 + 善分享"的氛围，推动着设计师的工作方式不停地向自动化、智能化变动着。相信不久之后，设计师可以把所有精力放在更有价值的创意工作上。

4. 团队协作让职业界限愈加模糊

高效的产品设计研发团队，要求有高效的团队内沟通，这意味着团队内每个人都需要站在其他角色的立场上去理解他们的想法与决策用意。设计师不能待在自己的小世界里，只看着自己手头的一亩三分地，对着自己的设计作品孤芳自赏。他们需要锻炼自己的产品思维，去了解产品、剖析用户、助力品牌、理解市场，甚至还需要懂一些代码逻辑……这样才能使自己的设计为产品带来更多的商业价值、品牌价值。而要达成这一切，都需要设计师们花费大量的时间和精力去学习，去提升自己。

结语

学无止境，只有学习型的设计师才能在这个行业走得更远。这本书，汇集了很多优秀设计师的工作技巧与工作经验，希望能为你的设计生涯带来启迪与帮助。

蓝湖市场负责人　朱红果

目录
CONTENTS

001

Seany
形式与内容的关系——App 的视觉美成因分析
从交互维度量化用户体验
用户体验是玄学吗

034

Sophia
创业公司设计师怎样从 0 到 1 设计一款 App
关于 App 中提醒方式的整理和取消/返回/关闭的交互逻辑

061

大牙
四步完成 App 的 LOGO 设计方法
关于卡片式设计、分割线、无框设计的思考
如何将品牌基因融入产品设计
设计工作 3 年左右，你迷茫过吗
设计师，该如何带团队
设计师，如何运用产品思维制作"个人简历"

100

胡文语
设计完全手册——表单
设计完全手册——表格
设计完全手册——内容策略
设计完全手册——组件

143

金晶 Joyking
如何建立完整的视觉自查表

146

宋新宇
五分钟学会画交互原型

v

154
琳琳 linlin
为什么对版式设计你总是没有思路

172
刘学松
提高用户操作效率——负荷理论的交互设计实践

182
水手哥
如何系统学习功能图标
如何学习 Yoga Style
如何系统地学习线
如何学习 Low Poly Style
黄金分割在界面设计中的应用
重复与突变在产品设计中的应用

248
夏凡
动效设计应有的体验设计规则
交互设计项目作品该如何包装

260
雨成
UI 视觉设计师突破和独立

278
周雷
如何提升界面品质感——界面中的结构
设计师如何提升自己的设计竞争力
为什么你的设计时间总不够用

298
周彭（Neil 彭彭）
写给设计师看的数据知识

（作者排名不分先后）

什么是交互?
WHAT IS THE CORE INTERACTION

Part I.

Seany
互联网设计师

经历过从视觉到交互再到用研的互联网设计全链岗位,对以用户为中心的设计方法有自己独特且成体系的理解。

形式与内容的关系——App 的视觉美成因分析

Hello,各位看官,我(终于)来了,你们有没有想我呢?写过一些文章之后,陆陆续续开始有一些编辑和读者问我是否有出书的意愿。关于出书这件事情,我不知道以一名 UI 设计师转型产品设计师的视角去写的一些产品和交互方面的内容从逻辑上能否站得住脚,也不知道会不会"毁人不倦"。但是上一篇有关百度外卖的文章写完之后,在百度外卖负责交互的同学加我 QQ 告诉我:

> 你想的比我们自己想的多,哈哈哈

我还是挺欣慰的,在做 UI 设计之初,就有跟踪一些 App 版本和更新的习惯。在互联网行业工作久了,我总是会从它们每一个版本的产品形态去揣测这个公司的动态。看到一些功能和交互点,我会设身处地地思考如果我是它们的产品设计师应该如何处理;遇见一些深得我心的功能点,也总是有一种和它们的产品设计师惺惺相惜的江湖感情。反正久而久之,边猜测边总结,形成了自己的一套方法论。

言归正传，我们来看这一现象。时间来到了 2017 年，手机空间越来越大，大家的手机中也安装了越来越多的 App。很多时候，当拿起一个朋友的手机时，看他手机里都有哪些应用，这些应用的优先级是如何排布的，我经常会从中得出关于这个人的另一层线索。比如一个人手机应用的优先位置上有脉脉、知乎、豆瓣、一个 ONE、单读这几个 App，那我可以推测这个人一定是具备文艺属性的互联网从业者。比如一个人手机封面是吴亦凡或者鹿晗，手机应用的优先位置上有优酷、爱奇艺、腾讯视频、芒果 TV、天猫、京东、蘑菇街这样的一些 App，就可以看出这是一位爱综艺、爱追星、爱购物的小姑娘……

意识是主观形式与客观内容的内在统一

如果说 2013—2015 年 App 的 UI 设计充斥了很多同质化产品，那么到了 2017 年，UI 设计师们在 dribbble 和 behance 的风格影响下，产品的设计有了更多的发展空间。我们不得不说的是，现在的 App 相比之前的越来越好看和越来越好用了。

如下图所示，我随意截取了 9 个（其实这样的 App 我手机里远不止 9 个）我自己觉得 UI 设计很棒的产品界面和大家分享，它们分别是 ENJOY、单读、Artand、Airbnb、一个 ONE、Gilt、良仓、Zeen 和氧气。

那这里有一个关键的问题就出现了，为什么有些 App，普通用户一打开就自然而然地觉得它很美？用户这种"觉得它很美"的意识到底是从哪儿来的？

在此之前，先来说两组哲学概念。

意识是主观形式与客观内容的内在统一（马克思主义哲学）。

内容决定形式，形式反作用于内容（黑格尔唯心主义哲学）。

为了阐述用户这种"觉得它很美"的意识到底是从哪儿来的，就必须要了解 App 中"内容"和"形式"之间的关系。那我们不妨来看一下什么叫内容，什么叫形式。

内容

如果斗胆给 App 设计工作中的"内容"下一个定义，我大概会说：**内容是集成在 App 中，所有可被感知的图片、文字、声音的合集**。这里之所以说是可被感知的，主要是从用户层面上看，忽略了用户不可感知的"代码"层面。

那么我们有必要搞清楚的是，一个 App 的内容到底是如何产生的？也就是一个 App 到底是如何产生的？这里展开讲一下，假设我是一个产品设计师，有一天 CEO 告诉我最近想做一个电商 App（这里假设我们公司很有实力，忽略了市场和运营、渠道和资金上的问题，只考虑产品设计方面）。

那这个时候我会问 CEO："您做电商类 App，是想做平台类的还是做垂直的呢？您可想好了啊，做平台类的想要从淘宝、京东分份额的话，那必须要有自己的特色。比如国内 App 'xx' 'xx' 和 'xx'，他们都有自己的特色。或者是想做垂直的呢？比如'xx'是专门做化妆品领域的，'xx'是专门做美食的。"然后 CEO 被我"驯化"之后得出的结论是我们来做一个美食电商，但是这个美食电商不会对标 ENJOY 那样的高档人群，而是做成类似于"什么值得吃"这样的大众场景。

好，故事讲完了，现在我化身为这个产品设计师，简短片面地阐述我的思考过程：首先我拿到的目标是做一款"什么值得吃"App，它的目标人群是全中国的吃货，而且要具备吃货推荐、评价和在线下单支付（前期无法做渠道的话需要跳转淘宝、京东链接）等功能。

经过一番思考，我认为这款 App 的 MVP 状态应该需要如下图所示的功能。

这里简单介绍一下 MVP。"MVP=Minimum Viable Product（最小可行产品）"是《精益创业》的作者埃里克·莱斯提出的一个概念，字面意思就是可保证产品正常使用（主逻辑闭环）的最小产品单元。MVP 又分为 Validating MVP 和 Invalidating MVP，在这里就不展开了。《精益创业》是一本特别赞的书，推荐大家阅读。

我设计的这个其实是 Invalidating MVP，大概需要四个部分。**"推荐"是核心，以帖子形式或者别的什么形式推荐一些东西并附上链接。"专题"方面做一些可供运营和推广的专题**，比如"情人节送什么巧克力""最适合食辣族的几款辣酱"之类。"商城"里面会放一些自营的物品。"我的"里面会有"我的推荐""我的收藏""我的订单"之类的内容。

你们发现了吗，其实这个时候，产品设计师就已经在定义产品的信息架构了。

第一，因为这个 App 叫"什么值得吃"，那我们是不是还需要推荐一些线下值得吃的店呢？如果做了是不是就和 ENJOY 同质化太严重了？那最好就是先不做。

第二，在推荐这一页里大概需要什么功能，因为面向的对象不太像 ENJOY 那种偏一线城市的人群，那么应该将用户群体同类对标到类似今日头条的感觉。

第三，这个首页是按照各种食品属性的分类来建立推荐列表，还是按照人的属性来建立推荐列表呢？如果按照食物分类，给别人的感觉可能和淘宝很像，比如在列表里面看到"巧克力"再点进去看巧克力的推荐，和在"甜品族"这个人群标签里看到某巧克力好吃，这两种行为逻辑给用户的感觉完全不同。大家体会一下，作为"什么值得吃"这款 App 来说，肯定是后者更适合，所以得出结论是以人的属性建立推荐列表（我甚至考虑到了以后迭代未来功能版本的可能性，比如到时候每个人可以有多种身份标签，再去做匹配社交之类的）。

好，那我现在关于产品首页大概得出了以下几点感觉。

1.首页推荐按照人的属性标签去区分推荐列表。

2. 产品风格不宜太洋气（尤其是一定不能像 ENJOY 那样使用黑白配色），最好是产品对标今日头条和微博的感觉，受众偏向二三四线城市。

3. 每一个推荐应该有收藏、购买链接等部件，在首页上应该有专门为运营活动或者市场换量设置的入口（可以是 banner 形式的）。

4. 为了不让推荐属性具有倾向性，每一个推荐都应该尽量层级平行（比如"吃辣党"和"甜品族"就应该入口平行）。

5. 一定要保证一个完整且通顺的支付逻辑和用户推荐逻辑，这是最基本的两个功能。中间可能涉及推荐里的商城链接（如果商城没有，要跳转淘宝），自己的商城要支持支付宝、微信等支付方式，要有订单状态和退单等一系列功能，余额功能或退款自动退回功能二选一（看公司需不需要资金池）。

大家明白了吧，其实 App "内容"的产生，就是上述这些奇怪东西的综合（当然其实并没有上述这么简单，这个以后有机会细讲），比如我们从上面的论述中，可以归纳出这款"什么值得吃"App 的首页"推荐"应该具有如下信息。

我写这么多其实就是想告诉大家一个 App 的"内容"是如何产生的，当然这里说得十分简单，真实情况可能比这个复杂百倍，大家意会即可。说完内容，我们来看所谓 App 中的"形式"又是什么。

形式

如果说我们把所有集成在 App 中可感知的图片、文字、声音的集合称作 App 的内容，那么 App 的形式就是"承载这些内容，使内容更好被感知的方式"。

人有五感，包括视觉、听觉、嗅觉、味觉和触觉。而人和一款手机应用进行交互的时候只会从视觉、听觉、触觉（反馈）三个方面去感知，而触觉涉及交互层面，这里暂不详述。听觉其实也不是本文重点，举个例子一笔带过。比如大家都用过滴滴打车，它有一个"内容（功能）"是司机送一个乘客的过程中，当判断距离目的地很近的时候会默认进行"下一单的匹配"功能。我们用滴滴打车这个功能来对比手机游戏里面的"匹配下一局"，会发现这几乎是相同的"内容"，但是承载形式不一样。手游是视觉展现，必须点击手机上的"匹配"按钮，而滴滴打车因为考虑到司机在开车，很难解放双手去点击"匹配"按钮，

所以从产品逻辑上设计的是"语音提示 + 主动匹配 + 手动接单"的方式，所以我们总能在快下车的时候听到司机手机上传出响亮的"开始接单啦"的语音提示。

这篇文章的重点是视觉。可能大家在以往的工作中并不会关注一款 App 原型是怎样设计出来的，大家可能只会关心拿到原型以后应该如何转化为惊艳的高保真页面。

把内容整理、排列成 App 页面，就是大家更关心的"形式"部分。还是回到上文"什么值得吃"这款虚构的 App 上，综合上面的观点，大致能画出如下页图所示的两种原型。

当然这个是最粗糙的原型（如果各位 UI 设计师在工作中接到了类似这样的原型，那只能说心疼你们一秒）。那么问题来了，大家在生活中一定见过这两种原型的 App。左边这个很常见，比如斗鱼 tv 这类直播平台，早期的闲鱼、网易严选和今日头条等都是用的这种感觉；右边这个就更常见了，不论是点餐平台（美团、百度、饿了吗），还是大型电商（京东、淘宝）都可以看到它。

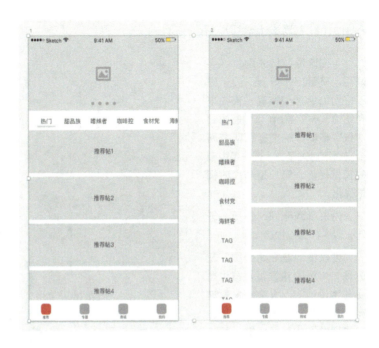

尝试分析一下，上面这两种形式到底有什么优劣呢？

第一件事应该想到的是如果需要采用右边的排列形式就必须要控制标签（tag）的字数。你懂我是什么意思吧？比如今天有个运营人员跳出来说，我们做一个新的标签，名字叫作"酸酸甜甜就是我"。产品经理一定特别崩溃，你们看看左图就一定会明白原因了。

第二，由于右边的标签占据了推荐帖的位置，导致推荐帖可能没有左边的那种展现形式更加醒目。但是相对地，右边的优势在于，由于竖向排列可以让一个屏幕显示更多的标签，这一点就需要取舍，比如一个产品的初期没准备放这么多切换标签，还是建议用左边那种展现形式。

更深层次的，外卖产品之所以用右边这种形式是因为力求一屏展示更多的菜，而且外卖产品的左侧标签一般是一家店铺的菜的品类，用户下滑菜品配合点击品类，点完即走，很方便（京东和淘宝电商类平台也是类似的）。但是，比如早期的今日头条只能采用左边的这种形式，因为头条是需要用户长时间沉浸的，比如用户选中一个"体育"标签一般要看好久，用户需要沉浸在这个标签下的内容中，那这个时候显然用右边这种设计方式让标签常驻屏幕左侧是不合适的。

基于以上分析，作为内容＋电商平台的"什么值得吃"应该选用左边这种设计形式。好，"什么值得吃"这个虚拟的例子就说到这里，主要是让大家明白内容和形式之间的关系，只有你们明白了这个关系，才可以正式进入本章的主题——App 的视觉美成因分析。

App 的视觉美成因分析

（在这里我们先别管好不好用，只管好不好看，关于好不好用以后再慢慢说）首先来看结论。**一款 App 让你感觉到"长"得美，一定是团队在两个方面下功夫了——第一是内容的视觉优化，第二是形式的视觉优化。**

先来看两张图，感受一下什么叫内容的视觉优化。

可以看到左右两张图，左边是 ENJOY 的精选页，右边是我随手设计的，大家会发现其实信息内容一模一样，但是左右的视觉设计差距大家一眼就能看出来。如果出现右边这样的 UI 稿，那只能说明这个团队在内容的视觉优化上不用心。

以上就是内容的视觉优化的作用。关于内容当中的图片，其实大家都有直观感受：**一款 App 允许用户自定义的图片越多，其 App 视觉设计就一定越难把控。**原因很简单，因为用户自定义的信息里面，文字信息是可以通过限制字段和 **select** 去控制的，但是对于图片来说，哪怕控制了用户自定义图片的尺寸，我们也无法控制这些图片的质量。大家去看一下秒拍这款 App，它的框架设计做得很棒，包括一些 **empty status** 的小图标，绘制得很棒，但是在打开 App 的时候，首页的内容总是参差不齐，不尽如人意。同理还有闲鱼这款 App，UI 框架做得很漂亮，但是内容页面总是显得不那么"高大上"。

ENJOY、自如、氧气、想去以及 Gilt、美团等这些轻量电商或者租房 App 都选择花费巨额成本自己聘请一批或全职或兼职的摄影师的原因，就是为了得到符合自己规范的优质内容图片（比如自如的房源信息照片基本就是那种样子，氧气中的内衣样片背景永远是白色的）。

我之前做过一款旅行游学类 App，在立项之初我们的图库里就已经有了几万张高质量有版权的摄影作品，然后在设计的过程中大胆采用流式布局（类似于今天开眼 App），大量展示优质图片，才使得 2015 年初那个时期的 UI 风格比较具有鲜明的特色。

其实这也是一个产品团队需要深思熟虑的点。例如旅行 App，一定要有大量优质的图片作为依托才可能美。淘宝这种体量的大型电商，除了尽可能控制图片质量，更多的关注应该放在优化专题和 banner 上，并且告诉入驻商家（用户）上传优质的图片更容易获取用户流量从而转化为订单。知乎、贴吧之类的问答和社区 App，用户上传的图片五花八门、千奇百怪，那我们可以考虑在首页列表展示的时候就压根不要展示图片……

那是不是内容的视觉优化只包含图片的优化呢？其实不是的，除了图片的视觉优化，icon 的优化、文字的视觉优化这些都是很重要的。

关于 icon 的优化已经有足够多的文章，因此在这里就不赘述了，比如线性 icon 里不能掺入块状 icon，负空间 icon 里不应该突然出现一个奇怪的渐变 icon。我有一点心得可以分享，比如大家画了一个 2px 的线性图标用于 @2x，那在 **plus** 上面应该要手动调整一下图标变成 3px 而不是用 png 自动生成，否则会有虚边（除非你们的工程师使用的是 svg 的 iconfont）。

　　关于文字的视觉优化，几乎市场上的所有 App，只要涉及文字内容的排版，毫无例外都做得很好了。从根源上出发，为什么一个设计师需要不厌其烦地像个工匠一样折磨开发人员来调整字体大小、间距、粗细等？其实，字体视觉优化达到的目的主要有两点，辅助视觉对焦和减轻视觉压力。

　　第二点没什么好说的了，大家应该都明白，主要说第一点，视觉对焦这个事情是这样的，我们在一个界面中，如果不出现特别突兀的信息，正常人眼一般是按照从左到右、从上到下的顺序阅读的。

如右图所示是一个阅读界面，所有问题都没有特别突兀的地方。我们把界面做高斯模糊处理去分析视觉焦点，会发现整个页面的呈现很平和。所以，这个页面的阅读顺序应该是一行一行地阅读文字，也就是从上到下、从左到右。

但是，这只是页面形式很平的情况，举个不那么平的例子。

右图是知乎的一个页面，我们把它去色并且经过高斯模糊处理去分析它的视觉焦点，发现其视觉焦点是由加粗加大的标题字体和上面的小头像构成的。

这就是使用文字优化去辅助视觉对焦。我不妨再举一例，大家来看左侧的 2016 年 5 月左右的氧气 App 截图。

左边是氧气的原 UI，右边是我做的对比图。显然，关于文字优化辅助视觉对焦这一点，氧气的设计师深谙此道。他们没有按照右边那种传统方法设计这个页面，而是把每一个深夜话题的题目都变成了一张图，变成一张图还不算，还在这张图上用浅绿色"画了重点"。这样虽然加大了设计师的工作量（其实也就是给话题标题换个字、出张图而已），但是这个页面正是因为这样的处理，才能让用户第一眼聚焦到标题上。

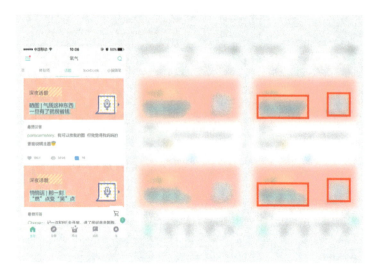

关于内容的视觉优化，我已经说完了。说了这么多，大家看到这里也不容易，有没有觉得混乱呢？我来总结一下吧。

App 内容是集成在 App 中，所有可被感知的图片、文字、声音的合集。那么内容的视觉优化主旨在于通过图片、文字、图形（icon）等的优化，使得 App 更加易读、易用和美观。

说完了内容的视觉优化，我们再看一下形式的视觉优化案例。按说既然内容都已经优化好了，表现内容的形式不是排得特别烂，视觉效果展现出来应该都不错。我们再重复一遍 App 形式的定义——能更好地承载内容，使内容更好地被感知的方式。

我们该如何去排列不同的内容让它们更好地被感知呢？

最常用的方法就是 UI 组件化设计，关于 UI 组件化设计我个人的定义是**它是一款 App 里以相同形式排列但是内容不同的单元**。这样的例子不胜枚举，我们每天都见到的一个组件化设计是微信里的每一个 **tableview**。

打开微信，可以看到微信的聊天列表的每一个单元其实都由固定的内容组成。内容包含一张图（头像）、两段文字（名字和最新信息）、一段时间。

再看以下两个页面。

先看左边这个页面,虽然第二个品牌故事被遮挡了很多,但是由于我们看到了第一个 GUCCI 的 banner 之后,用户心理预期就有了,左滑一下屏幕大概出现的也是这种形式的不同内容。

再看右边这张图,一个 App 的每一个专题都是以杂志的形式呈现的,所以在看到这个页面的时候,用户心里会有"我左滑右滑都是一本专题书"的预期。

在设计过程中,我们往往会把相同属性的内容设计成同一形式。这样做有什么优点呢?**最大的优点是减少用户认知负担,使内容更好地被感知。**

举个大家都懂的格式塔的例子。

看上图 A,大家都知道接下来的一个图形一定是正方形,但是看上图 B,下一个别说你们不知道是什么,我也不知道。格式塔相似律告诉我们,人们在用知觉时,对刺激要素相似的项目,只要不被接近因素干扰,会倾向于把它们联合在一起。

那么我们就很容易解释右图。

大家看到这里是不是很熟悉?联系上下文,现在应该知道为什么市场上的 App 都这么设计了吧?这样的设计就是为了让用户更好地接收信息。

总结

一切 UI 设计本质上是为了更好地展现信息。

更好地展现信息是为了更好地指引用户完成交互操作,从而让用户更好地去接收信息并完成一定功能目的。

本文一直在讲述 App 信息呈现上的视觉优化。其实视觉优化也好,逻辑优化、交互优化也罢,都是为了使 App 更加好用、易用、有效。

在我刚开始接触 UI 设计的时候,也曾经沉迷 dribbble,不断模仿那些大师们的惊艳界面。在长达一两年的学习和工作中,我一直认为 UI 设计师的本职工作就是画一个漂亮的壳子,把信息装进去然后让 App 变得更好看而已。

但是后来我完全不这样想，如果现在让我评价一款 App 的 UI，我可能真正最看重的那个维度已经不是"视觉感觉"上的好看，而是"视觉逻辑"上的严谨和"视觉风格"上的一体化，比如分割线、icon 的样式、tableview 的设计、字体的主次对比等。

当我没有理由地画一条分割线，只为了分割两个也不知道是什么的元素时，当我没有理由地就是想为卡片化组件加上一个 boxshadow 时，当我没有理由地设计一个奇怪的交互方式还硬说它特别好用时，我都在用一句话警醒自己：**每一个 UI 界面的设计都应该被赋予应有的理由**。希望以此共勉。

从交互维度量化用户体验

之前参加了回音分享会，认识了很多新朋友，线下分享时间有限，可能有很多东西没有讲得很透彻，所以整理了我当时的 PPT 和想要表达的观点，写了这篇文章，和大家分享我自己在产品和交互设计中的一些方法。

什么是交互

狭义的交互（Interaction）定义交互主体必须是人本身，而客体可以是产品、环境、服务等，且不论交互客体是什么，只要主体是人，人和客体进行交互时，一定是人带着心理预期施加一个行为，然后客体会根据这个行为给予一个反馈（没有反馈本质也是一个反馈），而人会根据这个反馈是否符合预期进行心理修正。如右图所示，这就是我理解的最小交互模型。

当时我举的例子是用翻页器去控制 PPT 翻页。

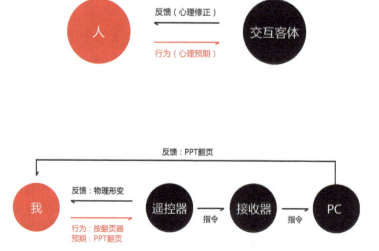

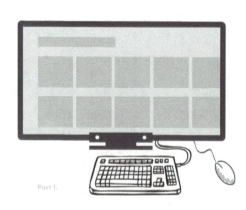

如上图所示，我们可以这样拆解这一套交互行为。

当点击翻页器的"下一页"按钮时，点击行为附带的心理预期是"PPT 翻往下一页"，然后在点击的时候，遥控器塑胶按钮给手指一个物理反馈，证明按下的行为已经完成了，这是"输出端（我的手）的交互与反馈"，这时候遥控器接收到按钮指令，把指令通过红外线传输到 USB 接收器上，接收器把指令传到

PC端，完成翻页动作，再通过大屏幕传到我的眼（输入端）中，就可以确认这一次交互反馈是符合预期的。此外，这里有一点想要补充，设备对设备（上图中黑色箭头），也属于广义的交互，只不过现阶段大家研究的交互设计都是狭义的，是人为主体的交互。

在日用科技产品的早期，有两个东西是无法跳过的，那就是按键手机和PC。

它们几乎是同步在发展的，而这两个产品的交互行为基本延续到了触屏手机时代，所以为了弄明白触屏手机的交互，这两个产品是值得讲一讲的。

先看按键手机（就是之前用的非智能手机），在按键手机中最让用户困惑的其实是按键和屏幕之间存在一个映射关系，而不同厂商缺乏一个统一的规范，各家映射规则不一样。大家是否还记得当年的手机说明书，可以说相当厚，因为说明书必须要给用户建构一个心理模型。看下图，点击左上角和右上角那两个"-"按钮，其实各自对应的是屏幕左下角的"Goto"和右下角的"Names"。这个对应关系在今天的用户看来应该是很平常而且很易懂的，但是当年没用过手机的人，需要花很长时间阅读说明书，才能够明白物理按键和屏幕上的映射关系，这就是按键手机很难用的地方，也是很反人性的地方。因为作为用户来说，心智上，我们当然希望所触即所得。

再来看PC，作为和按键手机差不多一起出现的载体形式，人们操作PC端是通过媒介（也就是鼠标+键盘）输入的，其实本质上也是通过鼠标在桌面上滑动 *x-y* 区域对应到电脑桌面上指针的移动来创造屏幕中 *x-y* 的映射关系，然后键盘上几十个键配合输入完成操作。

大家发现了吗？上述的两种设备其实本身就是在制造一种一一对应的映射关系去完成交互行为，是需要很大交互成本的。

随着科技的发展，触屏感应技术推出之后，触屏手机在两三年时间中就摧枯拉朽地淘汰了按键手机，本质上是干掉了一一对应的交互映射，所按即所得。

触摸屏手机为什么打败了按键手机？

更大屏幕意味着更多信息

解决迷惑的交互映射关系，所按即所得

触屏手机出现之后，交互专家们不禁要问一个问题了：

手和触摸屏到底有多少种交互方式？

答案是有很多种。

越是高阶越是隐藏的交互手势越复杂，所谓的"交互成本"也越高，比如锤子三指滑动换屏保那种，就利用了高阶交互便捷实现边界功能。那这么看起来，不论是iOS还是Android系统，从用户端而言，就是组合交互手势，让信息更好地传达而已。那么同理，在App中也是一样的，

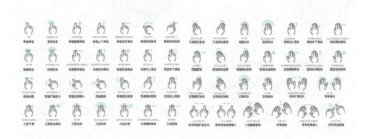

如果我们了解了每一个交互行为的用户心理预期，对设计工作而言就能做到有的放矢。

  点击（Click）
- 选中
- Next

我们以"点击"和"滑动"这两个最简单的交互行为举例。

所谓点击手机屏幕，用户其实有最核心的两个预期。

第一是选中一个元素，比如 Radio 组件。第二是逻辑上的 Next（下一步），比如点了一件衣服，应该跳转到衣服的详情；点了付款，应该出现付款流程；点了返回，应该回到上一路径点等。

滑动（Scroll）
- 查看屏幕外的线索
- 下一个标签的内容

滑动交互也是一样的，用户在一块手机屏幕上单指滑动，用户内心的预期其实也不复杂，最核心的预期也就两点。

第一是查看屏幕外的线索（前提是设计师给用户留下线索了或者是这个 UI 组件长得就是可以滑动的样子）。第二是查看相邻标签的内容，或者查看同一个标签下的相邻元素，如 iOS 的 segment controller 组件就是典型例子。

当我们了解了这些之后，在实际的设计工作中就可以根据上面这些理论来合理选择 UI 组件去呈现对应的信息了。

从交互维度合理选择 UI 组件

每一个常见的可交互UI组件，一定也满足最小交互模型

我们在设计工作中，选择 UI 组件，本质上就是选择信息的呈现形式。

每一个常见的 UI 界面和 UI 组件，也一定都满足上面所说的最小交互模型。

在这里举一些例子说明。

1.同样的内容，选择不同的 UI 组件，会使得产品完全不同

第一个例子是同样的内容，选择不同的 UI 组件呈现，给用户呈现的是完全不同的产品结构。

大家来看下面这张图。

这两个 UI 模块摆在面前，大家应该能清晰地感受到，左边是一个 segment 控制下面内容的 UI；而右边是一个所有内容列表的集合页，只不过通过 tab 聚类了而已。

应该想到的第一件事是如果需要采用右边的排列形式就必须控制 tag（标签）的字数；由于右边的 tag 占据了推荐帖的位置，导致推荐帖可能没有左边的那种展现形式更醒目。但是相对地，右图的优势在于，由于竖向排列 tag 可以让一个屏幕显示更多的 tag，可以让用户更方便地定位内容。比如外卖产品之所以用右边这种形式是因为力求一屏展示更多的菜，而且外卖产品的左侧 tag 一般是一家店铺的菜的品类，用户下滑菜品配合点击品类，点完即走，很方便（京东和淘宝电商类平台也是类似的）。

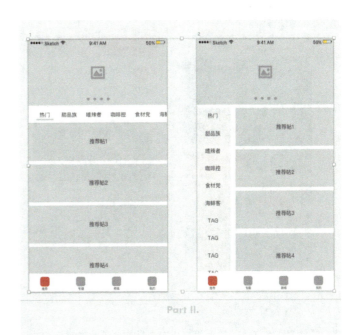

但是比如今日头条，新闻类客户端只能采用左边的这种形式，因为新闻类客户端是需要用户长时间沉浸的，比如用户选中一个"体育"的 tag 之后，一般要沉浸地看好久，用户需要沉浸在这个 tag 下的内容中，那这个时候显然用右边这种设计方式让 tag 常驻屏幕左侧是不合适的。

再来看第二个例子，即 UI 应该会随着内容而进行调整和优化。

2. 根据产品内容不断优化 UI 组件

这里举一个唱吧的例子，唱吧从 7.0 到 8.6 之间做了 3 次改版，大家可以看到，唱吧团队几乎是损失了屏幕效率来加大间隔和突出歌名，这是为什么呢？

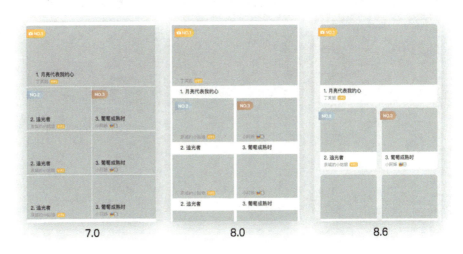

7.0　　　　　　　8.0　　　　　　　8.6

这是因为页面承载的关键任务不同，大家对比 7.0 和 8.6 版本的 UI 样式，正好是如今快手和唱吧的对比。

　　大家会发现，其实这个页面，快手和唱吧承载的内容都是消费转化，都希望用户点击进去消费内容，但是两款产品做了截然不同的 UI 风格，原因是什么呢？

　　快手在这个页面中，承载的关键任务是"迅速让用户找到感兴趣的点"，它这么设计的本质原因是因为它的截图可以帮助用户判断内容本身，比如第一张图是一个人在打高尔夫，右边是一个工人，然后第二排左边是一个游戏的镜头，右边是一个传播正能量的截图，大家可以很方便地通过图片识别里面的内容，用户更沉浸、更聚焦地去选择自己喜欢的点击进入消费就可以了。但唱吧的视频截图是不能识别里面内容的，大家可以看到，第一张图是一个美女；第二场图是一个美女；第三张图还是一个美女。那用户点击进去的动力在哪儿？除了照片，更多的其实是由文字决定的，是这个人唱的这首歌的歌曲名是不是我喜欢的，或者是这个演唱者的歌手等级。

　　所以基于这种更深层次的逻辑，唱吧和快手两款产品的页面都是为了促进消费转化，但是 UI 长相完全不同。

　　3. 同样的 UI 组件，选择不同的交互方式，会使得效果完全不同

　　我们看第三个例子。

　　同样的组件，选择不同的交互方式，也会使得效果完全不同。比如现在有一个 UI 页面，主要由一个 tab（iOS 叫 segment controller）组件控制下面的内容，表现效果如下图所示。

先假定一个前提——这个 App 中的这个组件不支持横滑，只支持点击切换。

好了，现在假设这是一款已经稳定运营了一年的产品，为了说明问题，假设一个理想数据。

假设每天有 20 万的 uv 访问这个页面，其中分流情况是：

10 万 uv 消费"推荐"下的内容；

2 万 uv 消费"生活"下的内容；

1 万 uv 消费"段子"下的内容；

3 万 uv 消费"美女"下的内容；

4 万 uv 消费"游戏"下的内容。

这时候，为了优化交互行为，有一天决定把这个 tab 组件从不可横向滑动改成可以滑动的（并且告诉用户这里可以滑动），然后给一次机会重新排列这五个 tab 顺序，你会怎么做呢？最简单的办法当然是把五个 tab 按照用户消费意愿逐一排列，即："推荐、游戏、美女、生活、段子"。

这样排列当然没有任何问题，但是还有没有更优解呢？我给出的解决办法是这样的，大家评判一下。

按照用户的消费量，"游戏"是消费量第二的一个 tab，毫无疑问我会把它排在第二项，这样可以刺激用户滑动行为，然后"美女"是消费量第三的，把它放在第四位，这时候我会把"段子"和"生活"这两个消费量最低的 tab 分 AB test 做两个版本放在第三和第五位去测试，以判断之前的"段子"和"生活"是由于自身内容不够优质，还是之前交互成本太低导致的数据较差。

最后我们来看第四个例子。

其 UI 界面如左图所示。

现在假设在运营和市场团队不做任何努力的情况下，单从产品交互的角度，能不能优化上面这个版块的点击率？

首先分析一下页面架构。

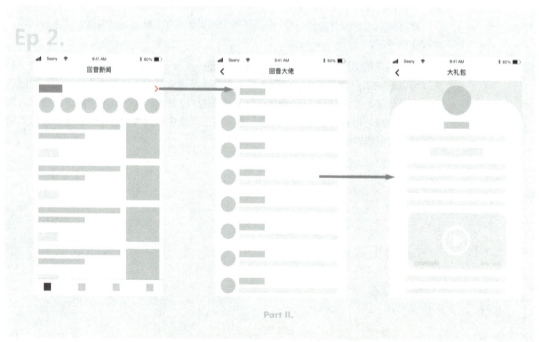

如果我们认为，不管是点击右上角的">"，还是点击 6 个圆形入口都算完成转化的话，我们现在的这个红色的 UI 组件，入口位置一共有 7 个。根据长尾理论，如果把这个圆形入口从 6 个扩展到比如 10 个，是不是一定对转化率有正向影响？答案并不一定。

为什么呢？因为主要是这样的改动会带来一个未知的泳道横滑交互，它会产生一定的影响，如下图所示。

用户看到这个泳道之后可能出现 3 种行为。

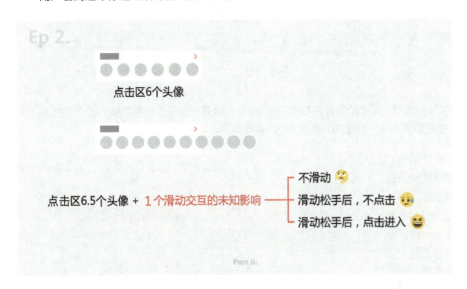

（1）"用户完全不滑动"——那入口就从 7 个变成了 7.5 个，别的没有变量影响。

（2）"用户滑动看完了之后，点击某一个或者右上角的'>'进入"——这是我们想要的转化。

（3）"用户滑动看了这些圆形入口之后松手，就是不点击进去"——这是我们不愿意看到的结果。

想到这里，那为什么我们不能让用户直接滑动之后松手就跳转呢？

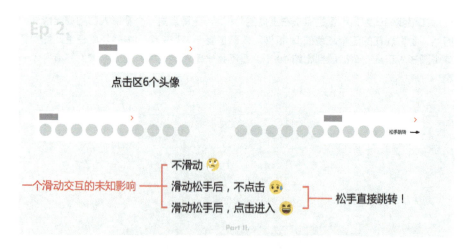

想到这里，所以优化方案如下图所示，给予用户一个 x 轴区间，滑动手势超过那个区间则告诉用户现在松手默认跳转，用户不愿意跳转也可以回滑，只要不足这个 x 区间就给予用户自主选择的机会。

我之前在上家工作的时候，把 6 个圆形入口变成了 10 个，然后用这个"松手跳转"的交互把单元模块的穿透率从 21% 提升到了 31%，这是一个实战当中的真实例子。

当然了，请大家再思考这样一个问题。一个页面的流量就这么大，一个地方涨了 11%，那势必别的地方就会相应地损失 11%。一般情况下 App 首页承担着 80% 以上的分流工作，根据流量漏斗来看的话每一次引流都会导致其他模块的数据下降，所以设计师们应该要根据运营策略和公司大的产品 OKR（目标与关键成果法）来合理选用合适的交互组件，以达到想要的目的，还是那句话："小孩儿才分对错，大人只看利弊。"

从交互的维度量化用户体验

在移动互联网产品设计中，尤其是在中国的 App 产品，有两大分歧阵营。

"扁平"阵营表示，我们需要产品足够扁平，最好就是三次交互可以触达所有 App 界面。

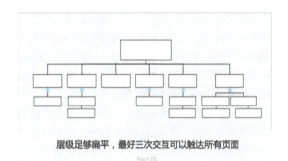

层级足够扁平，最好三次交互可以触达所有页面

"简洁"阵营也表示，我们需要页面信息足够简洁，最好一个页面只完成一个核心任务。

双方你来我往，谁也说服不了谁，如下图所示。"简洁"阵营反驳"扁平"阵营说，你们一点都不遵守席克定律，层级扁平是扁平了，但是相应的页面信息变得越来越多，给用户呈现的干扰就越来越多，用户做出决定的时间也越来越多，所以"扁平党"无用。这时候"扁平"阵营也找到了反驳的论点，他们说你看页面足够简洁了，但是页面层级就很深啊，交互成本这么高，每一次都伴随流失，可用性这么差，你们还有理了？所以"简洁党"才无用！

页面足够简洁，一个页面只完成一个核心任务

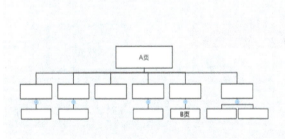

Hick's Law (席克定律) describes the time it takes for a person to make a decision as a result of the possible choices he or she has.

一个人面临的选择（n）越多，所需要作出决定的时间（T）就越长，且满足 $T=a+b\log2(n)$

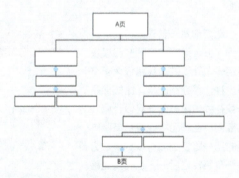

交互成本过高可用性差

预期效用 = 预期收益 - 预期交互成本。
用户逐级递进还必须逐级回退
每一次交互势必伴随流失

中国的互联网产品，很难做到既简洁又扁平，这个问题的根源在于永远有那么多信息需要呈现，永远有那么多功能需要添加，这是由中国的激烈市场竞争导致的，并不是说中国的产品就不如国外的好（我的哥哥之前在 Facebook 工作，现在在 Airbnb 工作，他经常感叹道国外的互联网产品到中国来真的会水土不服）。我想要讨论的是，面对中国现在互联网产品市场现状，如果一款产品非要你在上面两派阵营站队，你会选哪一派？我现在的选择是"扁平党"，因为用户面临一款眼花缭乱的 App，如果经常使用，在功能布局信息架构很少改动的前提下，早晚也会习惯和适应的，但是如果一些核心的东西不能第一时间暴露在用户眼中，很有可能用户就不知道你有这种功能。这就是为什么设计师经常会说这个产品经理有问题吧，怎么什么东西都想展现出来，这一堆东西找个入口集合收起来页面多干净、多清爽、多好看呀。我早年间也是和诸位一样的观点，但是现在我越来越觉得，界面清爽了，你的大功能 feature 因为设计隐藏没有被发现，设计开发测试岂不是都白做了，说好的 ROI 在哪里？

我们大家都是互联网从业者，不管看到这篇文章的你是一位设计人员，还是开发、测试、运营人员，我们都明白用户体验这个词是由很多维度综合而成的一个过程性评价，它和方方面面都有关系。

那既然是这么专业且牵连甚广的一个名词，我们真的就没有办法去量化评价它了吗？

永远不要忘记，用户体验是个过程，而我们每个人也都是用户本身。在这里我提供一种普通用户维度的比较好用的用户体验评估方法，即"穷举分析用户行为路径"。

比如你是一款外卖产品的设计师，那么用户在不同产品模块下定一个外卖的流程路径大概有多少种，都穷举出来。比如你是一款在线演唱类的产品设计师，那么用户在产品中完成一首歌需要的用户路径到底有多少条，穷举所有路径之后一一优化，让路径变得更加扁平，或许是一个最"笨"但是有效的方案。那怎么优化呢？用淘宝消息页举个例子。

淘宝消息页上面有"交易物流""通知""互动"3个tab，这时我们假设一个用户3个按钮下面都有消息，用户想要看完这3个消息大概需要几次交互？答案是至少6次："点击第一个进去—返回—点击第二个进去—返回—点击第三个进去—返回"，这样的交互显得呆板且冗长，淘宝团队巧妙地把3个内页集合成一个页面的3个tab形式，大大缩减交互成本，这就是所谓的"把用户路径变得更扁平"。

大家在使用很多产品的过程中，多多留心就会发现原来细节里面总有"魔鬼"。

到这里，这篇文章就结束了，谢谢观看。在这里我放上我最喜欢的一句名言，希望大家能从中体会到一些什么。

The value of nothing,
out of nothing comes something. —— Amy Tan

无的意义在于无中生有的价值。

用户体验是玄学吗

每年年底都是设计师们的"季节性迷茫期"，这个时候我的公众号后台就会经常接到好多朋友的信息，字里行间透露着迷茫和不自信。大的趋势和节奏几乎一样，有些视觉设计师询问我如何转型UI设计师，有些UI设计师问我如何才能培养产品思维……其实大家都很迷茫，在这里我想分享一个用户体验相关的综述给大家，希望能对大家找准自家的定位有帮助。

我最初是一名UI/视觉设计师，然后随着一步一步发展，自己的目标也在发生变化，现阶段我给自己的最终定位是成为一名用户体验设计师。好像现在有很多人认为，UI设计师往上走的路径应该是做用户体验设计师或者产品经理，其实这个想法是完全错误的。先在这里澄清这一点，一个优秀的UI设计师的未来可以一直专注地base在UI也没有问题，我也认识一些很厉害的视觉设计师，只做视觉设计，而且只钻研视觉设计。我之所以更喜欢交互设计和用户体验方面的东西，可能是我个人的兴趣所在，我喜欢解决问题的过程而已，所以，大家找准自己的兴趣点最重要。

用户体验和用户体验设计

关于"用户体验"这个词,很多刚入行的新人都觉得它玄之又玄,妙不可言。一方面是不知道它具体到底是什么,就像是一块理想地,看不见也摸不着;另一方面是糟糕的用户体验,作为用户能清晰感觉到它的存在。所以,在这里会围绕"用户体验"这个词做一个科普性质的解释和综述,希望对初学者有一些小小的帮助。

1. 什么是用户体验

用户体验的定义有很多种,我比较倾向的解释是——**"用户体验是人对于使用一个产品、系统、服务时的预期和反应。"**

首先明确一个概念,体验是一个过程,生活中的一切皆是体验,我们赤裸裸地来到这个世界,最后赤裸裸地离开,来人世走一遭就是体验来了。从广义上来看,体验的主体是人,客体可以是一切物体和事情,媒介是我们的感官;当我们的感官作用在一切事物上时,会产生相应的心理行为,比如预期,比如反馈,比如情绪,这所有的一切一起作用,形成了用户体验过程。

只要留心生活,你会发现用户体验无处不在。下面举两个例子。

第一个例子是北京随处可见的地铁充值机,我经常看到用户站在充值机前手足无措,最主要的是它违背了用户的操作习惯,插卡机的行为总会让人联想到ATM,而几乎所有的ATM都是卡插一半然后自动吸进去的,而北京地铁卡需要插到底,还需要用力按一下才能成功识别,很多用户失误在这一步,并没有用力按,然后以为是机器坏了没有识别。

第二个例子是我工作的地方旁边商场一楼有一家肯德基店,它有两个门可以进入,第一个门在商场外临街,第二个门在商场内。

我连续两周的工作日每天早上9点半到10点在这家店吃早餐,发现一件很有趣的现象,由于工作人员的疏忽,商场内的门经常会忘记打开,因为这个商场的负二楼和地铁站连在一起,

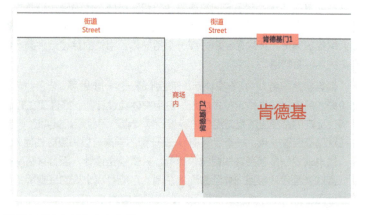

所以很多地铁到站的人从地铁站口出直接通过商场内走向街道。

在这些人群里，如果他们正巧有买早餐的需求，往往会从门2进，如果正巧由于工作人员的疏忽，门2没开。按照常人的思维，哪怕门2没开，那不还有一个门1吗？用户完全可以多走几步出去从街道门1进入啊，应该不会有太大影响。如果你能得出这样的结论，又碰巧你正好是互联网的设计或者产品人员，那么你可能有"自我安慰型人格"。

我在吃早餐的两周里做了一个统计，10个工作日里，每天在我吃早餐的这半个小时内，试图推开门2却发现打不开，平均每天有6位，按照每个人平均买一份早餐套餐15元钱来算，10天内，由于工作人员的失误，这门至少阻挡了900元营业额。

回到刚刚那个"自我安慰"的思维，我发现，10天内被这个门阻挡的实际62位用户里，真正出街道从街道门1再次进入的人，只有17位。也就是说这个体验中肯德基早餐用户被最短路径阻隔之后，再次选择次路径完成转化的转化率为17/62（27%）。

别急，还有更吃惊的数据：在被门2阻隔的62个人中，有17个是自身顺路要往街道右边走路过门1的。但是由于被门2阻隔，他们17个人当中，哪怕自身行走路径要路过门1，选择从门1进去的也只有6位，即11/17（64%）（判断顺路依据是他们吃完后从门1出门往右走）。

再看一下肯德基这个例子的数据结论。被门2阻拦的62人里，45人流失。其余17位选择从门1再次进入，这17人里，本身就要顺路经过门1的占11位，说明大概率只有顺路才会进入完成转化。

这个例子说明什么呢？**在替代品遍地都在的今天，不要试图去挑战用户的体验。**

当用户看到肯德基的门2，他们产生的预期是马上就可以推开门享受一顿早餐，这时候由于门2打不开，使得用户预期受挫。受挫用户的第一反应并不是想解决办法（表现在例子中就是寻找另一个门进入），而是放弃它。毕竟，没有肯德基还可以吃麦当劳，还有星巴克，还有面包店，各种各样的选择。

这就是为什么互联网行业把产品用户体验看得这么重要的原因，除社交产品以外的用户是很难有忠诚度的，产品难用，不能给用户更大的福利，用户一旦发现别的产品做得比你好，会马上放弃你，转而用别的替代品。

上面的那个例子主要表达的是用户预期受阻带来的糟糕体验导致用户流失。其实在整个用户体验的过程中，是由很多因素相互制约、协同作用的。

用户体验的概念

用户体验
User Experience

人

意符、反馈、激励、惊喜、优化、反作用...
知觉、刻板经验、概念模型、使用情景、情感、行为、评价...

系统、产品、服务

用户体验本身一个很庞杂繁复的系统；在一个过程内，用户对整个过程中的元素的预期和反应（情感和生物反应）构成了整个用户体验系统。这里面包含了很多很多的旁支，例如人的感知、人的经验系统和使用场景决定了人对于单个体验的预期，而如果超过预期会带来惊喜，促使用户正向评价，也促使用户再次体验。还有人感知和体验中客体呈现的意符决定了人的行为等。

用户体验最初它只是用于表征易用性方面，而现在，它的概念更多地表现在情感的一个分支，包含设计情感互动和评估情绪。因为人的情绪是很难拿捏的，面对不同教育背景、不同生活经历的用户，我们最初其实很难归纳出到底什么样的设计是具有好的用户体验的。

好的用户体验各有各的优点，但是，糟糕的用户体验却很容易被归纳和识别出来。设计师们不断地识别和总结糟糕的体验问题，慢慢地在优化这些问题的过程中积累经验，其实也逐渐形成了一些关于用户体验的方法论，这种方法论作用于各个设计行业，工业设计，服装设计，奢侈品、广告、互联网产品设计等各个行业产生的方法论其实不尽相同。

2. 什么是用户体验设计

说起设计（Design）这个词，那就厉害了，作为设计师的你听说过的解释肯定有很多种，而我个人对"设计"的理解是：**设计是一种"在约束条件下，解决问题的可行的办法"。** 而对于用户体验设计而言，早期的时候，我们仅能够基于经验主义去完成一些设计，这时候专家的作用会被放大，因为专家提出的不要这样、不要那样，往往会成为指导性方案。

基于经验主义

不要让用户思考

减少用户的操作

超出用户预期

不要让用户不知所措

不要……

但是随着时间推移，不断地有人站出来尝试描述和定义用户体验的边界，如下图所示。

Peter Morville's User Experience Design

- 有用性：面对的用户需求是真实的
- 可用性：功能可以很好地满足用户需求
- 满意度：涉及情感设计的方面，比如图形、品牌和形象等
- 可找到性：用户能找到他们需求的东西
- 可获得性：用户能够方便地完成操作、达到目的
- 可靠性：让用户产生信任
- 价值性：产品要为投资人产生价值

Whitney Quesenbery's 5Es

- **有效性**：实际可以等同于可用性或者有用性，就是这个产品能不能起到作用
- **效率**：产品应该是能提高使用者的效率的
- **易学习**：学习成本低
- **容错**：防止用户犯错，以及恢复错误的能力
- **吸引力**：（主要是从交互和视觉上）让用户舒适，并乐意使用

Luke Miller's 5 elements

LEMErS

| **L**earnablity | **E**fficiency | **M**emorablity | **E**rrors | **S**atisfaction |
| 易学 | 高效 | 易记 | 纠错 | 满足 |

随着探索者越来越多，我们最终也能大致划定出用户体验设计的定义范围——**既然体验是一个过程，那么狭义的，用户体验设计实际上是通过改善和优化用户与产品交互过程，从而提升用户满意度的过程。**

这里有如下两个要点。

（1）用户体验设计的目标是逐步不断提升用户满意度，前面两有个定语"逐步""不断"，对于用户而言，永远没有所谓"最满意"的说法，只有"相较于上一次体验更满意"。所以，除非定义一种可量化的终极满意度模型作为指标参照，否则用户体验设计是一个永远都有优化空间的过程。

（2）用户体验设计是围绕过程的设计，在互联网行业中，这个过程主要指用户与产品（App、PC端、客户端、VR等）的交互过程，所以下文重点讨论的是在互联网行业中的用户体验设计。

用户体验设计是一个岗位吗

以2018年2月为时间节点来说，用户体验设计不是一个岗位，现阶段来看，它更像是一个协同目标，每个公司的所有设计师（UI/视觉/交互）、用研人员，包括开发人员，其工作目标都是为了逐步提升自己公司产品的用户体验。

虽然用户体验设计目前还不是一个岗位，但是它正在趋向成为一个岗位。要解释这一点，我们还是要从用户体验的定义来说，还记得用户体验设计是什么吗？用户体验设计是通过改善和优化用户与产品交互过程，从而提升用户满意度的过程。

既然要改善和优化用户与产品交互过程，那把这个句子拆分开来，大概需要的知识储备如下图所示。

1. 从主语的角度看：首先要了解用户吧？用户是人，要提升人的满意度，对人感到心理满足的机制是不是需要了解？

2. 从客体的角度看：客体是产品，在互联网行业表现为手机（App）、Pad（App）、PC（软件）和 VR 设备等。这些产品是我们着重需要关注的点，比如一个 App 中视觉信息的呈现，如 App 的信息架构、App 的交互设计、App 的可用性和易用性等，都是需要考虑的。

3. 既然是用户与产品交互过程，是不是要知道人和产品（手机、App、PC）到底是如何交互的？每一次的点击、滑动对于用户来看心理应该是怎样的？产品的每一次反馈都意味着什么？

现在来看，其实互联网行业现在划分的 UI/视觉/交互/用研，甚至往广了说包括产品/开发/测试，工作内容都是构成用户体验的要素，它需要的知识面特别广，对人的综合素质要求很高，所以目前来看，用户体验还不能是一个岗位。但是很多大公司，比如腾讯、阿里，他们期待设计师能够变成有更大洞察和对业务、人性有更多了解的全方位人才，而不是一个只会画图的美工。所以说在未来，用户体验设计师可能会变成一个 title，但是可以预料的是，用户体验涵盖多方面的知识，每个人都

是有侧重和专长的：可能有些人就是很喜欢视觉设计和 UI 设计，那他们在精研这部分的同时，相应地懂一些交互方面的知识，这就算是优秀的偏视觉方向的用户体验设计师；那视觉表现很差的人能不能算优秀设计师呢？当然可以，比如他是心理学或者 HCI（人机交互设计）的研究生，对人和用户心理有自己独特的认识，再加上精通定性和定量研究方法，对数据有独特的敏感性，那他未来可能是用户研究方向的用户体验设计师。

只不过我们现在因为岗位固化，大多数公司，每个人的工作职责仅限于那一块，你是做视觉/UI设计的，那就好好画界面，你是做交互设计的，那就好好研究布局……你是什么职位就做什么职位的事情，从来不越界，这样其实是不利于人的发展的。追求上进的设计师们只有多看书，多去做研究，多花时间修炼自己的内功心法，才能让自己立于不败之地。

用户体验设计发展到今天，目前包含了最大的 3 个有模糊边界的模块是**用户研究、交互设计、视觉设计**。现在绝大多数互联网公司也都是按照以上这 3 个模块去设置岗位的，这样其实是不利于设计师发展的。

阿里巴巴1688的设计总监汪方进关于这3个岗位，有下面这样一番评述。

比如交互岗位，如果对接的是一位能力较强的PD，他们可能把交互稿定了七八成，交互设计师完善后交付给视觉设计师，而对接的视觉设计师又有一些交互Sense，他也许把交互稿又改了改。那么这个过程下来，交互设计师的内容，还能保留多少呢？这种情况，可能也是当下我们交互设计师所面临的痛。

而视觉设计师又是怎样的现状呢？视觉设计师拿到交互稿后，在交互稿的基础上美化润色一下，自主发挥空间不太大。从我们集团总体情况来看，视觉设计师的（P级）成长是比较慢的，因为我们讲求论述自身设计的价值是什么，但把视觉从整体中剥离出来，视觉设计师设计的某一个页面，具体能带来多少商业价值，视觉设计师很难去论述这一点。

关于用户研究（简称用研）、视觉、交互这3个模块，我也想分开来谈谈，希望能对目前刚入行或者入行不久感到迷茫的小伙伴有所帮助。

用户研究

上面我们说到，用研、交互、视觉这三个模块构成了一个用户体验设计的能力维度，要搞清楚这三个维度，我们不妨先看看业界最出名的一张用户体验要素图。

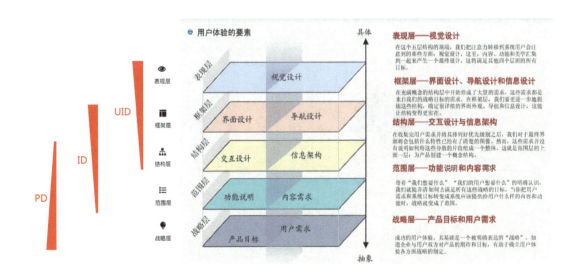

我们一般把最下面战略层的部分分解开，其中除了产品和公司战略，关于用户需求的定义交给用研人员去完成。

关于用户研究，如果是一个从0到1的产品，产品初期是需要对产品用户进行定位划分和制作用户画像的，就是这个产品是为了解决什么样的用户的什么需求的，这些用户的属性是怎样的，他们具有什么样的特质和颜色，他们一般使用产品的情景是如何的。

这里需要注意的是，如果你没有用研经验去第一次尝试做用研，需要留心我们很容易落入理想化用户设计的陷阱。再客观地站在用户角度去思考、去设计，也会有主观和流于表面的情况出现。我们不能想当然地按照理想情景去思考用户需求，用户需求是复杂的，再加上企业自己的，以及各部门的需求纷繁，所以一般在产品迭代的过程中新的功能很容易陷入想当然的"用户就是需要啊"的思维之中。所以对于成熟的产品来说，需要划分核心主流和普通用户并分别画像。关于用户画像的方法有很多，大家可以去随意搜索，在这里就不细谈了。

还有如果是一个初次开展用户研究的人员做用户研究，可以掌握几种常见的方法，访谈法、焦点小组、易用性测试、问卷调查等这些方法各有利弊，最重要的是找到当前情境下解决问题且行之有效的方案。比如访谈或者焦点小组，精心整理问题并邀请公司的一些员工或者核心用户进行访谈并全程录音，在结束后认真提炼访谈中多次被用户提到的关键词，从关键词中按维度抽象整理出用户的需要，这是访谈的核心价值。并且输出文档，赋予思考，再以此作为整个设计改版的核心依托，让里面用户提到的关键词在设计页面中体现，这才是有效的设计。

关于用户研究的常用方法，推荐给大家两本大部头的书——《设计调研》和《洞察用户体验方法与实践（第2版）》，大家感兴趣或者不知道自己感不感兴趣，都可以去看看。

交互设计

交互设计的输出物是产品原型，也就是你们看到的线框图。那线框图是怎么产生的呢？这个从产品经理对功能梳理开始。

一般大一点的有交互团队的公司，比如新浪微博之类的，他们的产品经理的工作重点会更加注重功能本身到底是不是用户所需要的，而经过产品提出来的需求文档，一般只有功能需求列表和它们的优先级，如果遇到要画图说明的，也就是简略的几个草图。

这时候，交互设计师会根据提出的产品的功能需求列表去进行整理和区分。

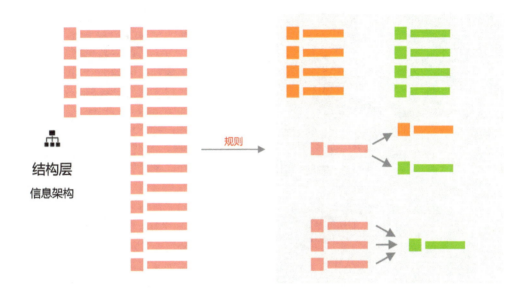

这里整理和区分的方法是合并、拆分和归纳。

比如功能 A 可以拆分成更细颗粒度的需求 A1 和 A2，其中 A1 和 A2 又碰巧属于不同的已有的两个功能区块，那么就可以把它们拆分到不同的功能线上。如果发现某些功能有同样的属性，那是不是可以考虑把它们整合在一起？

这样整合完了需求，再按照优先 / 重要的二维表格去划分，最后得到一个需求量表，如下图所示。

然后我们根据这样版本的需求量表优先级和重要性，有的放矢地去设计功能入口和信息架构，就会游刃有余。

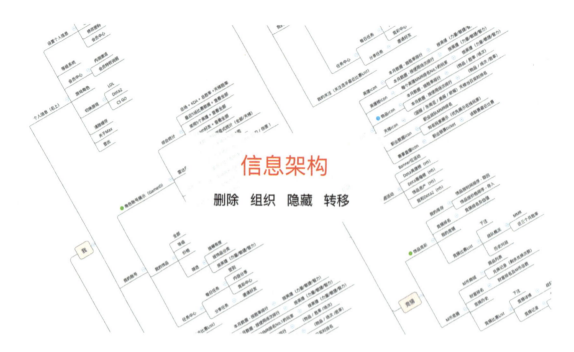

信息架构

删除　组织　隐藏　转移

而一般复杂产品新增功能的时候，往往要考量很多因素，不能一味地去做功能堆砌，还是需要把不重要的功能隐藏或转移，突出重要的功能，再把一些同属性的功能入口组织在一起并列，这些都是在设计原型之前需要思考的问题。再往下，那就是根据一个一个的信息去设计产品低保真原型图，那就没啥好说的了，你们看到的原型图几乎都差不多，但是至于你们的交互设计师的原型是不是按照我上面的步骤一步一步推演出来的，那就要打个问号了，这可能是区分一般交互设计师和高级交互设计师的一种办法。

如果你以为交互设计师就是画个原型，那你就错了，交互设计师切记不要沦为产品助理……其实在整个 UX 体系中，交互设计师承担的是最重要也是最核心的一个环节，那就是**优化用户路径（即优化流量路径）。**

什么叫优化用户路径呢？举个例子，全民 k 歌是一款唱歌的 App，那用户最核心的功能就是在上面唱歌，而关于唱歌，大概有独唱、合唱两个维度。比如现在，我作为普通用户，想要去完成独唱一首歌的行为。这种行为从用户路径上看就是用户从任何页面到唱歌详情页。那么到底有多少条路径？也就是说，到底有多少个页面可以跳转到唱歌详情页？然后你会发现，其实能跳到唱歌详情页的，除了清唱那种独特的方法，其他的都是要通过伴奏详情页跳转的。那么问题又来了，到底有多少个页面可以跳转到伴奏详情页呢？

就这样，去穷举所有的用户路径，然后看看这些路径过程中有没有一些冗余操作是可以删减的。

这里面有很大的学问，如果展开说的话可能几万字都说不清楚。

总之，一款好的 App，其功能和产品形态一定足够扁平简单。

要让产品形态足够扁平简单，就需要根据 App 的形态去整理和梳理交互层级，针对流量问题进行具体的分流设计。

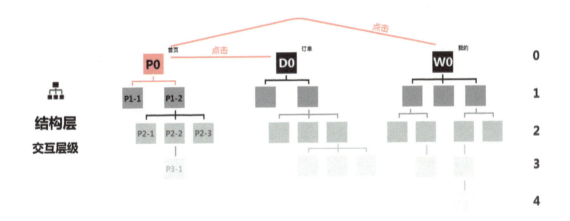

结构层
交互层级

比如当我们看到一个 200Wpv 的页面，下属三个平行按钮分别只有 40Wpv、12Wpv 和 3Wpv，除了场景问题，从交互出发那是不是可以设计一个内页的 segment 组件去完成三个内页的滑动跳转，来降低操作成本呢？

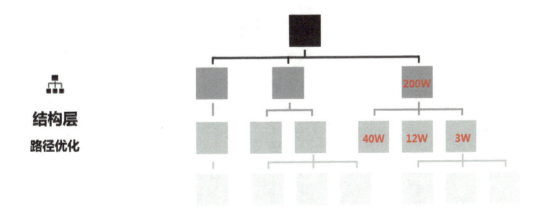

结构层
路径优化

例如淘宝的界面是下面这样的。

又或者说,我们是不是可以为一个 pv 较低却承载功能较大的页面另外设置多个入口呢?

结构层
优化流量

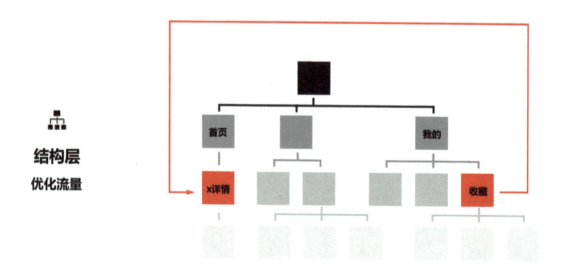

如右图所示的外卖产品是一种示范。

最后的最后,交互设计的工作产出就是原型了,既然都思考妥当了,画个图就没什么好说的了。

UI 设计

再往后,交互设计师会把原型给到 UI 设计师,UI 设计师的工作范围想必大家很了解,就是把低保真的原型变成高保真的设计稿。有个关键点在这里再啰唆一遍,**UI 设计师的基本技能是精确的信息视觉传达,不是视觉炫酷的界面!**

唱吧 UED 最近一直在招人,看应聘者的简历,然后发现一个很大的问题,UI 设计师的简历真的是千奇百怪、五花八门,有那种插画画得很好的,有那种上来就用一个很立体的 3D 建模渲染震撼到你的,也有那种大渐变 dribbble 风格,给人一种好像很厉害的感觉。但是这些都不重要,如果一个界面上的内容信息没有主次区分,或者展现得没有层级对比,再花哨的东西都没有用。

关于 UI,需要掌握的,比如格式塔之类的东西,已经有太多人说了,这里就不再赘述。

UI 设计其实都不是闹着玩的工作,也绝对不是纯主观感性的工作,判断一个 UI 界面的好坏可以通过易用性和易读性测试、眯眼测试的方法检验,判断一个产品交互设计的优劣也可以从易用性测试和用户反馈中得出线索,判断哪种交互手段和信息架构更为可行通过 A/B 测试的方法得出结论,这些设计都是由科学的方法论作为指导的。

希望从此之后大家审视产品的时候不要以 UI 美丑这种最低级的主观因素去思考(当然 UI 的一致性和美观度很重要),而是要多想想更深层次的功能布局和信息架构,以及从产品主打人群上往更加宏观和抽象的高维度进行思考。希望大家能在这么漫长的分享当中,了解和被科普到除单纯的视觉设计以外,别的设计工种都在干什么,也能不再迷茫,努力加油。

Sophia

交互设计师

奋进中的交互设计师，从创业公司到大厂，分享设计干货。

创业公司设计师怎样从 0 到 1 设计一款 App

设计师在做什么

有没有思考过一个问题，作为设计师最大的成就感是什么呢？我的答案是着手一个项目，看着它从 0 到 1，慢慢孵化成型，再接着改版进行优化，慢慢伴随着它成长，受到越来越多的用户欢迎，而自己也在这过程中慢慢成长着。你中有我，我中有你。衣带渐宽终不悔，为伊消得人憔悴。咱们先来概述一下整个经历过程。

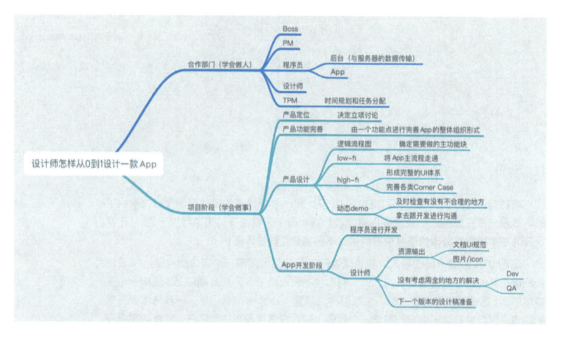

从上图可以知道，在整个过程中，设计师的工作可以分为**做人和做事两大类**。

1. 学会做人

我将这个放在做事的前面，特意强调了一下它的重要性。人的本质是一切社会关系的总和。这个哲学问题，就不在本文细说了，有兴趣的小伙伴可以翻看我的公众号。同事是除家人之外跟自己相处时间最久的一类人，他们之间会有部门、职位、年龄、婚姻状况等各种不同的情况。跟合作的部门同事相处融洽，信息沟通顺畅，帮助他们解决问题，是锻炼自己了解人性、了解人的需求，以及解决这些需求、满足这些需求的最直接的方式。在团队中每个人的分工和职责如下：

Boss（大领导）：重点是关注市场的走向，实现商业的盈利以及盈利的模式，在乎产品的质量，以及控制实现过程中的开发成本。

PM（产品经理）：在和 Boss 沟通完善的前提下，输出 PRD（Product Requirement Document，即产品需求文档）。而 MRD（Market Requirement

Document，即市场需求文档）、BRD（Business Requirement Document，即商业需求描述）在这里就不是必需的，可能有也可能没有。一个好的PRD文档应该是全而细的，不仅包括了项目背景市场需求的分析，也会描述商业需求，最终帮助看文档的人能准确理解产品的商业目标是什么，以及为什么会有这样的商业目标。

开发工程师： 开发分为服务器和App两部分。负责服务器的开发可能还要考虑产品的架构搭建，负责App实现的开发则可能关注于App的逻辑跳转、与服务器数据之间的传输过程、界面的美术层面信息。QA（测试工程师）负责产品实现中以及实现后的测试工作，确保上线的产品功能更稳定和完善。

设计师： 在理解以上三者意愿的情况下，设计师开始站在用户的角度，结合分析商业目标，产出一套可以实现产品功能的可视化方案，与PM、工程师进行商议并完善。

TPM（项目管理）： 把控着时间节点，平衡团队资源分配，确保项目能在计划的时间点上线（可能有的团队这项工作由PM做）。

可以看到在所有人员职责中有两点比较重要，**一是负责做事，二是负责把控时间**。

2. 学会做事

我们做事其实是在帮人解决问题，说到底也是在做人。而这个人，就缩小到社会上某类有共同需求的用户。设计师在项目开发中落实到实战是在产品设计阶段和开发阶段。

产品设计阶段，在拿到PRD文档之后，开始分析准确的商业目的和目标用户的需求，画出简单的流程图，然后在流程的基础上输出低保真原型图，即**Low-fi**。Low-fi的标准是示意，表

达出用户在完成一个任务的流程，以及流程下有哪些页面，每个页面有哪些元素，页面之间的跳转关系是怎样的。

当**Low-fi**得到大家的一致认同之后，就跨入高保真效果图阶段，即High-fi。需要实现页面完整的UI，以及整体的UI规范。画出精致的icon，放上精美的图片，它就是一个可以真正拿得出手，产生商业价值，用户使用时最终看到的界面图，拥有完整的视觉效果。

High-fi阶段过后，进入制作动态原型阶段。这个阶段的任务就是快速做出可以在手机上演示的demo，让团队成员体会是否有体验不顺畅的地方，如果可以的话拿给用户去体验，进行小规模的测试。这一阶段就是在产品开发之前进行验证，查漏补缺的一个过程，避免产品犯原则性或者交互上出现大的、方向性的错误。

Demo演示完成之后，设计师就需要**整理好文档并导出资源**，将主要的工作交给开发人员。而设计师的工作还没结束，设计师需要随时准备好回答开发人员抛过来的一些问题，提出解决方案。还有，开始收集此版本的反馈，寻找问题，并准备在下一个版本进行解决。

创业公司扁平化的管理方式，使得团队精致而又高效。在团队成员密切配合的情况下，**可以实现产品的快速开发和迭代，形成小步快跑的节奏**。当然也有它的弱点，就是没有太多的时间去做得更细致。但**在市场快速更替的情况下，快速试错然后改正何尝不是一种优点？**

概述了项目团队人员组成以及各自角色之后，来看看接下来的事情——立项。

立项

最近听到最多的就是讲故事和场景两个词。我们尽可能地还原用户在特定的环境下所产生的行为，在场景中判断用户怎样使用我们的产品。但讲故事和场景不是这里要讲的主要内容，我想运用这样的思维来还原一下立项的场景。调动大家更多感官体验，只想为大家提供更真实的体验。

在立项的过程中，总时长不确定，如果项目比较赶，可能经过半个月左右的时间去做，如果想考虑更周全，可能要2个月左右。现在咱们就拿最短的时间进行说明吧。半个月的工作时间其实就是，10天（2个礼拜）的工作加上最后一天的总结。

主要的思路是：Boss 看中一个商机，然后由**一个商业机会延伸出某个产品的功能，再在这个功能上进行产品完善，最终目标是做出 MVP（Minimum Viable Product**，即最简化可实行产品。MVP 是一种产品理论，这个概念听起来复杂，不过可以把它想象成是一部电影的剧情大纲，或是一部漫画的角色介绍）。

在立项的阶段，基本上每天都有会议，会议的参与人主要是 PM 和设计师以及项目负责人，Boss 只是阶段性查看一下成果，工程师偶尔参加进行技术评估。主要由项目负责人（一般是 PM）来推进进度。

每天大家都会针对大的商业目标，进行一次一两个小时的头脑风暴，根据前一天的结论，大家会后去翻阅资料，完整总结之后，第二天再进行讨论，如此反复。也不那么绝对，可能遇到的问题比较麻烦，大家就多花点时间研究或者直接做一些 demo 试试效果。

此时 PM 的任务非常重要，需要在众多的想法中筛选，并且保持产品核心功能和目标用户不变。所以，**一个优秀的产品经理，原则性一定非常强，并且在众多压力下有能力让大家信服**。

在立项阶段有下面几个特点。

1. 变动时常有以下情况

我知道，不管是设计师，还是程序员，都非常讨厌需求的变动。变动意味着所有的设计稿和代码都得重新进行，一片心血付诸东流。PM 也会受到大部分人的指责（PM 确实不好当啊）。但是在立项阶段，设计师需要告诉自己的是：让自己了解产品更多的走向，给产品更多发挥它价值的空间，不要太限制自己。哪怕是 MVP 已经完成，产品走向

迭代的过程，也不要抱怨变动，每一次的变动都有可能是纠错的过程，每一次的变动都意味着产品与市场联系得更加紧密。

2. 功能越核心越好，产品越简单越好

在立项阶段，团队的目标就是，用最短的时间做出能够马上放到市场上进行验证的 MVP。这个时候市场反馈在产品上最好更改，甚至产品的方向也能马上进行调整。MVP 的功用就是让你拿来接触客户，从很早就根据客户的反馈来改进你的产品。典型的错误就是窝在家里做没人要的产品，却自以为进度很快。大家的经验是，使用者要的东西往往是非常容易做的，但也是最容易被你忽略的，如果一开始就不跟用户接触，就很难知道这些内幕。

3. 用最接地气的方案，方便工程师进行开发

避免出现太创新的设计方案或交互，让工程师花费大量的时间去实施。用最朴实的设计语言表达最有价值的核心功能就是这个阶段最完美的方案，意思就是说设计师先别想创新的事情，先用普遍的做法将功能实现再说。

立项阶段过后，PM 会在基于大家统一的 MVP 的基础上进行 PRD 文档的输出，它是大家最终结论的承载体。拿到 PRD 文档之后，设计师也开始真正上手干活。

当然，以上只是创业公司简单粗暴的做法，在这样扁平化管理的前提下，团队的效率达到最大化。顺利的话，用时可能缩得更短。Google 团队就教过大家 5 天搞定产品设计。

PRD 有了，设计师开始干活，之后就开始做交互了，来到第三个阶段，产出 Low-fi（低保真原型图）。

Low-fi

Low-fi，即低保真原型图，主要承载表述交互的功能，也是整个 App 设计阶段，设计师真正开始有产出的环节。待 PM 制作好 PRD 文档和原型之后，交互设计师开始依据已有的结论，画出 Low-fi。

1.Low-fi 的作用

（1）方便团队进行方案的讨论和统一。就像使用场景和用户画像，团队每个成员

脑海中所理解的都会有所不同，但通过 PRD，至少可以保持大体上的统一。而在这基础上，App 的具体画面和流程，每个人都有自己想象的视觉效果。Low-fi 就在此时起了相同的作用。

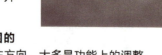

当然统一的进一步促进效果是，进行后面核心功能的深入探讨，将概念落实到实施方案，并验证逻辑上是否能跑通，以及主页面元素的确定。

（2）方便开发人员进行整体架构的布置，开始着手一些基础元素的部署。

（3）做出 demo 进行内部尝试、小范围的用户调查，一般会有一些更改，不会影响项目主方向，大多是功能上的调整。

2. Low-fi 的处理工具与文件要求

作为交互设计师，在 **Low-fi 阶段常使用的是 Sketch**，Photoshop 更侧重于图片的处理。出发点还是更多地从效率上进行考虑，Sketch 运行速度非常快，文档小，测量距离方便，有可复用的图层组（Symbol），做好图之后导出多倍图也十分方便。所以在此阶段做草图，Sketch 是不二之选。

然而，对 Low-fi 的文件处理也有一些要求，主要分为**视觉效果和文件名整理**。

视觉效果上倾向于使用黑白灰无色彩感的设计方案，目的是为了降低视觉上的干扰，让设计师和团队其他成员，将精力重点放到 App 本身的功能完善和逻辑完整上。

而文件名的整理主要表现在图层命名需要规范。统一的控件用 Symbol 进行管理，Symbol 的命名建议使用驼峰式，即每个单词间没有空格，每个单词首字母大写（这里说的是大驼峰式，即第一个单词的首字母也大写了）。

Symbol 的分类主要有这几类，StatusBar、Keyboard、Header、Button、Cards、TabBar、Control、ListItem、Popup 等，还可以再进行细分，比如 Popup 可以再分出一个细枝为 Toast 等。

Icon 类的只能用小写且不能以数字开头，不能包含空格。对于 icon，建议对通用模块再分子类（例如 icons/topnav/；icons/tabbar/；icons/general 等），原则是分类要非常符合常识，到了后期 icon 类的 symbol 会非常多，这样方便快速从一堆 icon 中找到它。

对于 Sketch 的 group 管理，建议按照功能模块进行分类与命名。比方说，video 中有 VideoPlayer 和 SingleVideo 不同种类，game 有 GameScore 和 GameReport 等，按照不同的用途进行重组。

这样做的目的，是为了在接下来用一些动态原型工具比如 Flinto 或者 Origami 等时，方便查找，以及合成图层组。绝大部分动态原型工具，都是靠渲染图片来进行展示原型的，图层越少，电脑效率越高，使用越流畅。

文件在 Low-fi 阶段整理得越清晰，设计师头脑越清晰，High-fi 阶段越省力。总的来说，在 **Low-fi 阶段是定主体功能和 App 雏形的阶段，**在这一阶段，设计师需要帮助团队统一 App 的整体架构，页面的大体功能模块分类和跳转关系，让 **App 从大家脑海中的形象落实到真实的视觉效果中。**设计师完成 Low-fi 阶段的交互设计之后，接着就会进行 High-fi（高保真原型图）的设计。

High-fi

如果在 Low-fi 阶段中设计师着重对项目的逻辑进行实现，当项目进行到 High-fi 阶段时，设计师的重点会放在视觉层面的优化上，会给方案做视觉设计。这时与 PM 之间的交流非常多，所以先来说说和 PM 的沟通情况。

1. 交互设计师与 PM 的恩怨情仇

我的文章主要是从自身的职场经历去写的，每个公司情况不一样，我只是抛砖引玉，和大家一起探讨。当然也欢迎和大伙一起交流～

工作这几年，从一名毕业生、新手设计师，成长到现在熟练的过程，其间与 PM 的讨论之战，从最初相互咄咄逼人，到现在的平和商量，主动为对方思考的过渡，走了不少弯路，撞了不少南墙，才一步步纠正自己的思维与行动。**越是成熟的人，处理事情的方式越温柔。**

（1）角色定位与交流主旨

交互设计的角色是**帮助、协助 PM 一起完成产品**，不是画设计图，也不是切图，而是帮助团队一起经历产品从 0 到 1 的整个过程。为什么会在开头强调这件事，这个决定设计师对自己作品的态度，不是完成任务，作为交换工资的筹码，而是倾注自己的激情与心血的作品，是自己的一个代表面。

而交流的主旨，不是从气势上压倒对方，证明自己的做法是对的，或者说显示自己多么聪明，而是帮助 **PM，帮助团队顺利完成产品的开发**。产品好，团队好，对方好，自己才能更好。这就是一种双赢的思维吧。

（2）工作内容的交流

与任何人的工作内容都包含**两个方面，一方面是对方向你的信息输入，另一方面是你给对方的信息输出**。

PM 对交互设计师的信息输入主要是场景的沟通与对用户画像的建立。想讲明白一件事，咱们做的产品是给什么人在什么情况下因为要解决什么问题而干了什么事。还有相应的用户画像，即对我们的目标用户进行年龄、职业、兴趣爱好等方面信息的确认。

当交互设计师拿到这样的信息时，最不在状态的反应就是没有任何反馈，一切听从 PM 的信息传输。比较好的做法是，在讨论当时就说出自己的疑虑，跟 PM 进行沟通，最常见的术语是"有没有考虑过在这种情况下用户……""倘若用户不这么做，而是……"等。及时的反馈会帮助 PM 进行场景上的完善和调整。

当然，这样的讨论过程是一个持续输出的状态，不管自己做 Low-fi 还是 High-fi 可能都会遇到，然后自己一边做一边想到问题，一边去问 PM。不反馈的话，这些问题在开发的阶段都会一个个蹦出来，逃也逃不掉。

PM 对设计师另一个信息的输出就是针对设计稿。首先会对设计稿整体对用户传达的信息是否有所体现进行复查，接着会对信息是否完整、流程是否通畅进行进一步的确认。

（3）提供必要的情绪价值

生活的方方面面体现在与人进行沟通，你帮我我帮你解决问题上。在解决工作内容后，如果能学会与人交朋友，**让别人更开心地与你合作**，提升同事与你合作的体验是一件干得特别漂亮的事情。当然，也不会强求，能把事情做好就已经很不错了。

2.High-fi 的三个阶段

做 High-fi，说明产品的功能和流程基本确定，产品雏形已经形成，现在拿出 Low-fi 图开始进行细致的 UI 设计，做出精美的商业视觉效果，让用户感受到这是一个值得信赖的成熟产品。

High-fi 大概也可以分为前期、中期和后期三个阶段。前期的主要任务是 hero screen（主功能页面）的尝试设计，通过它进行**视觉风格上的确定**。包括代表色、代表字体以及搭配方案、用法等的确定。

中期，在确定好风格的基础上进行 **App 其他页面的视觉完善**，比如辅助功能，页面的空状态和无网络状态的确定。

后期，继续完善，抽出时间进行**创意性以及个性化**的设计，这些会是产品的点睛之笔，让灵魂呼之欲出，比如个性化的 loading 小动画、lauch card（启动页）等。

UI 规范整理

之前的文章提到了在设计 App 的过程中 High-fi 输出的一些要求，这里来说说 App 的 UI 规范怎么整理。

1. 要求

按照市场上最好的规范去整理是极好的一件事情。**Apple 公司的 iOS 规范和 Google 的 Material Design 的设计规范就是很好的参考案例**。如果有时间，也是极力推崇大家去学习的。但创业公司不一样，公司没有那么多资源给设计师去做那么庞大的工作量。

工作中，**实用、省事是第一准则**，怎样让开发人员、**PM**、设计师都能自觉遵守这样的规范，让用户觉得产品有规有矩，值得信赖，就很棒了。

2.UI 规范的主要内容

（1）前言

前言部分主要交代 UI 规范的**版本号，标准页面的大小，基于哪个平台进行设计**。版本号一般由 PM（即产品经理）进行规定。设计稿的标准页面一般用 iPhone 6S 的大小，即 750px×1344px 作为标准，因为这个屏幕大小所占市场份额最大。平台的话，大部分是 Mac OS 系统（不排除有少部分是基于 Windows 系统的，不同公司情况不一样）。

（2）颜色规范

颜色从类型上可以分为**主色、辅色、文字色**三大类。

而每种颜色除了需要标注 RGB 的色号，最好标注出它的使用场景，以及在该场景下的用途。以下是我找的一些案例。

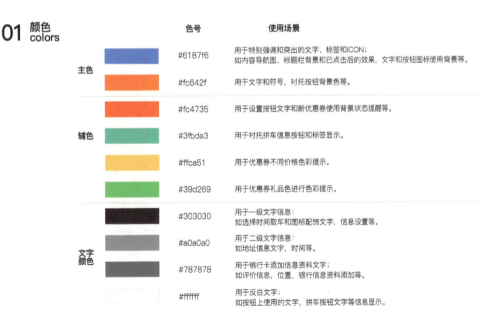

主色的种类控制在一至两种比较合适，辅色也不能过多，三到五种就足够。文字颜色一般分为三个层级进行设置，越高层级的颜色越深，还需要注意的是留一个反白色，方便用于深色背景下的文字信息显示。

（3）文字规范

文字的统一有很多种方式，在此介绍一种按照用途的方法分类的形式。同样，文字需要介绍文字的字体（如果有英文的也需要罗列一下英文字体），以及使用场景。

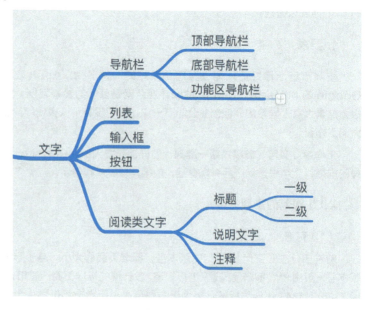

按照用途来分，文字可以分为**导航栏、列表、输入框、按钮、阅读类**文字。导航栏又可以细分为顶部、底部、功能区导航栏。阅读性的文字，主要分为标题、说明文字、注释三大类；如果在偏向杂志类的 App 中，可能标题又可以细分成几级，如下案例。

（4）控件

控件用 Sketch 的 Symbol 进行整理。不知道怎么用 Sketch 和 Symbol 的读者可以先自学一下，如果需要软件的介绍也可以给我留言。这部分的整理需要有一定基础的人才能看得懂。分类用脑图的方式呈献给大家，这样更直观。

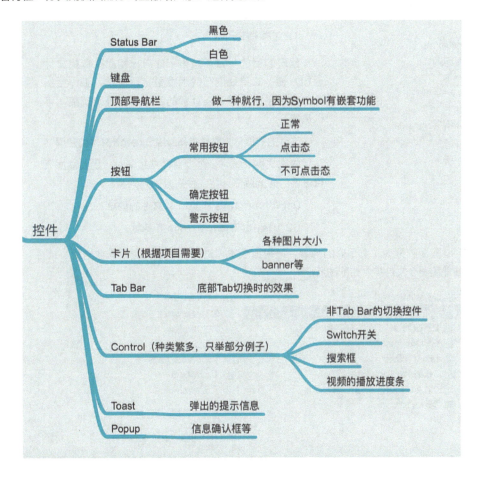

（5）图标

图标的统一，主要是**风格和尺寸**。风格上，选择填充或者选择线性。比较流行的是线性图标，一般采用 3px 的粗细。大小常用的有 12px×12px、24px×24px、48px×48px、64px×64px、96px×96px（或者 100px×100px）。制作参考，大家根据需要进行调整。

（6）其他

在有的规范里还将主页面以页面布局的一种分类进行呈现，但在开发人员对照 Sketch 文件写代码的过程中已经很仔细地在看页面，所以罗列在规范中，我觉得没有太大的实际用途，于是也就没有考虑。但它有它的好处，就是让团队外部人员在查看公司的视觉规范时更加完整，内容更齐全，形象更高端。文件定位不一样，内容也可以不那么相同。

整理和交接

视觉规范整理之后，就要针对现在完成度比较高的**文件进行整理、图片资源的输出、和开发人员的项目对接。**

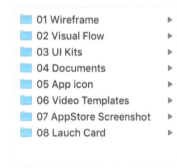

1. 文件整理

整理的目的一方面是为了让自己和团队查找文件更加方便；二是让自己的思维更有逻辑性，工作更加高效；三是我有属于设计师的强迫症（开个玩笑，可以忽略）。

文件的整理分为**文件夹和最终 Sketch 文件的整理。**

先说文件夹吧，一个项目建立起来时，我会根据项目进展的时间顺序，将文件夹分为几大类。

01 Wireframe 即 Low-fi 文件的地址。

02 Visual Flow 是 High-fi 地址。

01 与 02 里面的分类又有相似的地方，可根据版本再进行一次分类，不需要迭代的可以单独使用一个文件夹，如下图所示。

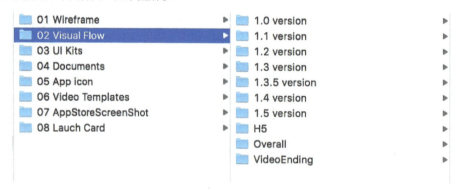

03 UI Kits 是图片资源输出的地址（比如说 icon）。

04 Documents 并不是产品文档，而是 App 里面需要的一些文档，比方说《服务条款》等。

05 App icon 即 App 的 icon 在各个平台上需要的尺寸图和它的源文件，尺寸常见的有 1024px×1024px、512px×512px、167px×167px、152px×152px、120px×120px、80px×80px、58px×58px(可以参考相关 iOS 规范)。

06 Video Templates 是在有视频文件的情况下放置视频。

07 AppStoreScreenShot 是专门为 ScreenShot 进行准备的，因为 Android 平台实在太多了。

08 Lauch Card 因为在 UI 层面上需要耗费的时间比较多，一般在改版的时候放在比较靠后的需求，所以也可以单列出来。

整体文件夹的架构如下图所示。

大家可以看到，规律就是每个大分类的阶段性的文件都放在该版本里面且需要标注版本号，除了更新频率比较低的或者说不同版本需要共用一个文件夹的地方不会区分版本号，如 03 和 05。

Sketch 文件一般按照页面功能模块的分类进行整理，Symbol 是统一以上 Page 所有控件的地方，如右图所示。

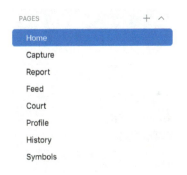

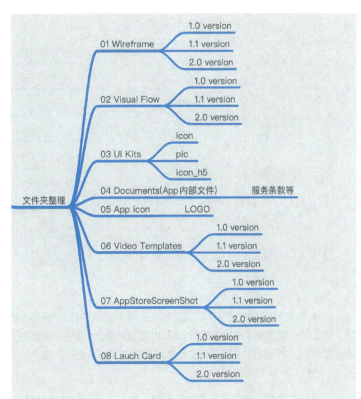

2. 图片资源的输出

图片资源的输出主要有两类，一是 icon 类，二是图片类。一个 App 里面 icon 的尺寸是固定的几个大小，一般以 PNG 格式输出。

因为在 High-fi 作图的时候一般采用二倍的图，即以 750px×1334px 的大小进行

icon 的绘制，所以只要 icon 或者图片的尺寸在设计的时候不是单数，那么放到像 iPhone 7 Plus 这样三倍的屏幕上也是没问题的。输出时一般二倍和三倍的图都需要。

另外一个就是图片要注意压缩。因为现在一个 App 的安装包很容易就到了几十兆的大小。对于用户来说当然是希望安装包越小越好，一是节约下载时间（可能也有流量），二是解压后所占手机内存更小。所以作为设计师也要配合工程师进行这方面工作的优化。将图片进行压缩，我一般采用软件 ImageOptim 或者在线网站 TinyPNG（适合图片透明区域比较多的情况）。

3. 和开发的对接

在 High-fi 文件定下来之后，需要跟开发人员集体审核一遍。这个时候首先要召开一下集体会议，参会人员包括 PM、设计师、开发人员、TPM，Boss 可能也会参加。

设计师不能松一口气，这个时候开发人员可能会提各方面的疑问和意见，当然产品到了这个阶段大方向是不会改变了，设计师可能会在最后 High-fi 的基础上补充一些细节内容。大会过后，产品就会进入开发阶段。这个时候设计师也不能完全松一口气，因为会有开发人员随时来问你一些 Corner Case（也就是边缘情况）。

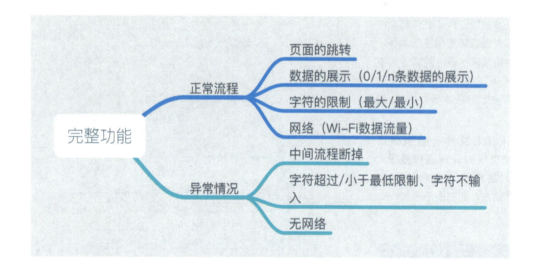

开发人员一边开发，QA（测试工程师）将完成后的代码进行测试，两者同时进行，设计师此时的精力除了要放在这个版本功能的完善上（还包括实现效果的核对），可能还要和 PM（产品经理）进行下一个版本问题的讨论了。这样的工作一轮一轮不断地进行。

当然在对接的过程中也会有很多细节，比方说现在我收到的挑战，将产品线的三个 App 全部统一到一个 Sketch 文件中并标注出其中的相同点和不同点，方便开发人员和 QA 进行翻阅等，针对这些细节，我再一点点更新。

总之，在 High-fi 和视觉规范整理完成后，设计师的任务还没有百分百完成，估计也只完成了 60%，千万不能松口气，直到 App 真正发布才算暂时阶段性完成一个任务。设计师除了要负责好设计自己的方案，还需要追踪设计方案落实到位的过程。当然发布 App 那一时刻的成就感不亚于自己得了一个什么大奖，不信试试看！

关于 App 中提醒方式的整理和取消 / 返回 / 关闭的交互逻辑

关于 App 中提醒方式的整理

在做 App 的时候会发现一个问题，各种各样的弹窗提醒，什么时候用什么样的提醒方式，今天做一下归纳总结。

1. 概念简述

顾名思义，提醒方式，是指用户需要提醒的时候，在 App 中出现的一些提醒机制。今天所说的提醒不是 *iOS Human Interface Guidelines* 里面的 Notification 章节（那是 iOS 系统自带的提醒功能），而是作为设计师在设计过程中，主动针对用户操作过程中所遇到的任务环节进行的界面提示方式，是单个 App 内的操作行为，与手机系统不相关。

提醒一般采用弹窗的形式进行提示，它的功能意义是对用户当前操作进行信息提醒并对其补充，或中断用户当前操作并对其反馈。

我从实际案例中，怎样使用的角度，进行了一些整理，针对任务的轻重缓急，做了如下情况的分类，如下图所示。

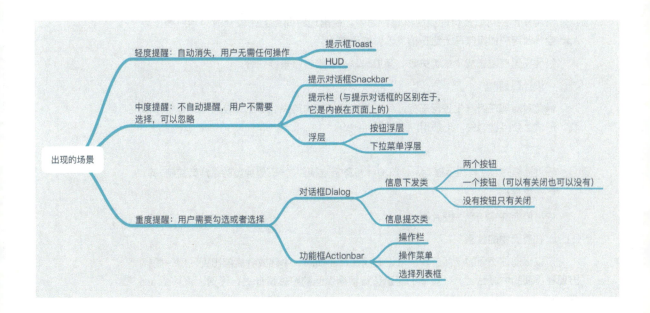

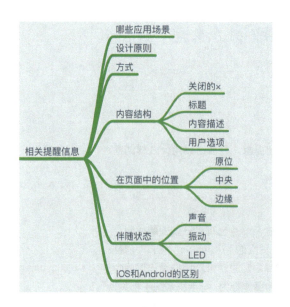

同时，我将分别对轻、中、重度提醒方式从相关属性（场景、设计原则、提醒方式、内容结构、在页面中的位置、伴随状态、iOS 和 Android 的情况区分），进行具体阐述。

2. 移动场景中的提醒方式——轻度提醒

轻度提醒：自动消失，用户无需任何操作　　提示框 Toast
　　　　　　　　　　　　　　　　　　　　HUD

- **应用场景**

常用在用户可以预料的变更信息行为中，在出现时间点上比较及时，用户操作后 App 会针对用户的操作马上给予相关信息的反馈。

经典场景有发送成功或者失败、添加收藏、开启省流量模式等。

- **设计原则**

避免对当前任务产生任何干扰，同时要让感兴趣的用户能够比较轻易地发现提示信息。形式上会自动消失，无须用户进行任何操作。

- **方式**

轻度提醒的方式有提示框 Toast、HUD（iOS 的标准控件之一，最典型的是声音控制）等。

- **内容结构**

内容包括文字信息、图片等。

- **在页面中的位置**

可以出现在页面的任何位置，可设置成在页面顶部、中部或者底部出现（但一般都出现在页面的中轴线上），具体的显示位置根据页面的整体设计进行设置。该种 Toast 在 AndroidApp 上十分常见）。

- **伴随状态**

一般为无伴随状态。

- **iOS 和 Android 的区别**

两者没有明显的区别。

Toast 案例展示如下图所示。

HUD 案例展示如下图所示。

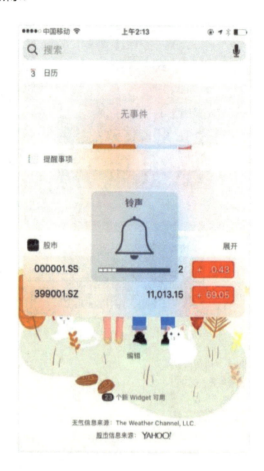

3. 移动场景中的提醒方式——中度提醒

- **应用场景**

用户可能需要了解感兴趣的变更信息。

经典场景有好友消息、网络错误、账号升级等。

- **设计原则**

在尽量不打断当前任务的前提下，确保用户可以看到提示。

不自动消失，但用户不需要做选择，可以选择忽视。

- **方式**

中度提醒的方式有提示对话框 Snackbar、提示栏、浮层等。

- **内容结构**

内容包括文字信息、按钮、图片等，也可能有关闭。

- **在页面中的位置**

Snackbar 出现在页面底部，提示栏可以在页面上部也可在底部，浮层可能出现在画面各处。

- **伴随状态**

可能会伴随着声音。

- **iOS 和 Android 的区别**

两者没有明显的区别。

提示对话框 Snackbar 跟 Toast 一样是有时间限制的，即使用户不进行回应，弹窗出现一段时间后也会自动消失。

Snackbar 弹出一个小信息，作为提醒或消息反馈来用，一般用来显示操作结果，另外可以提供一个功能按钮给用户选择使用。

例如删除了某张图片，App 弹窗告诉你删除成功，并提供一个"撤销删除"功能按钮。

提示栏与提示对话框的区别在于，它是内嵌在页面上的。案例如下图所示。

浮层案例如下图所示。

4. 移动场景中的提醒方式——重度提醒

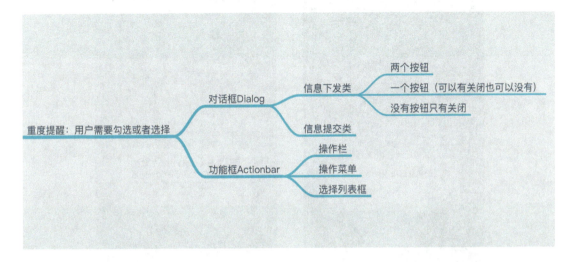

- **应用场景**

不可逆、涉及金钱或不建议的变更信息。

经典场景有永久删除、购买、取消关注等。

- **设计原则**

确保用户能够看到提示，哪怕打断当前任务。

用户必须主动操作或进行选择才能继续。

- **方式**

重度提醒方式有对话框 Dialog、功能框 Actionbar 等。

- **内容结构**

内容包括标题、内容描述（可能有图片）、选择项等。

- **在页面中的位置**

对话框一般出现在页面中间、功能框一般出现在页面底端。

- **伴随状态**

可能会有声音。

- **iOS 和 Android 的区别**

在两种系统上的形式比较接近。

对话框 Dialog (iOS 叫 Alerts) 分为信息下发类和信息提交类。

使用 Dialog，功能按钮最好只有两个，让用户选择"是"或"非"的功能操作；也常被设计成只有一个"确认"按钮，目的是让用户阅读内容后点击关闭弹窗（这种样式的 Dialog，信息内容必须非常有必要性以至于需要打断用户的操作进行信息内容阅读确认，否则请用 Toast 进行非模态弹窗提示）。

缺点：若 Dialog 对话框出现三个或以上的功能按钮，将会增加用户的功能选择负担，所以在设计需求上需要使用多个功能按钮选择的时候，请考虑使用 Actionbar，案例如下图所示。

对话框 Dialog – 信息下发类案例如下图所示。

对话框 Dialog - 信息提交类案例如下图所示。

功能框 Actionbar- 操作栏（iOS 叫 Action Sheets）一般被设计用来向用户展示多个功能按钮选择，比 Dialog 拥有更多的功能按钮，提供给用户更多的功能选择，Actionbar 一般都设计有一个默认的"取消"功能按钮，点击该按钮后关闭弹窗，用户点击弹窗以外的区域也相当于进行了点击"取消"功能按钮的默认回应。

在 iOS 中，Actionbar 的样式比较常见的是文字列表框，它出现在页面底部，以简洁的功能描述性文字展示功能按钮，敏感的功能操作一般用红色字体标出（也可以设计成其他颜色以突出某个功能按钮），案例如下图所示。

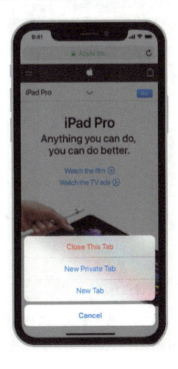

功能框 Actionbar - 操作菜单（iOS 叫 Activity Views）当功能按钮数量很多的时候，文字列表的形式不适合显示，此时可以用图形加文字描述排列的形式来进行展示。这种样式下采用菜单的样式比较合适，案例如下图所示。

选择列表框减少了功能流程中的页面跳转，但是在选项很多而且描述文字较多的时候，还是设计成选项详情页更好些，案例如下图所示。

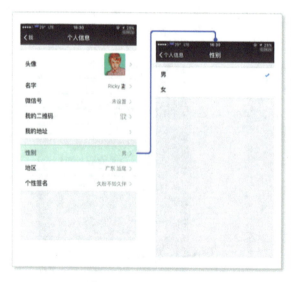 

iOS 版的微信　　　　　　　　　　　　　安卓的微信

5. 市场上的优化方案

能在界面中展示就不用弹框，能用非模态弹框的就不要用模态弹框。

一般我们有以下 3 种解决方案。

- 通过一个新的界面展示。但是我们可以看出，解释信息并不多，不需要通过一个新的页面来展示。
- 使用对话框或者浮层，在这里我们不能使用 Toast，因为 Toast 时间太短，用户根本读不完。
- 在当前界面展示。

总之，**尽量在当前页面展示，不做多余方式提醒。**

直接在当前页面展示信息的案例如下图所示。

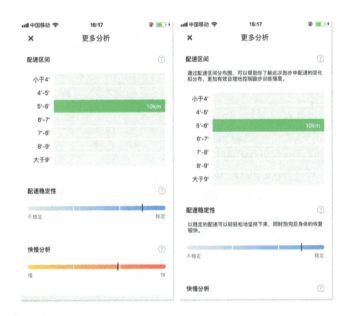

用多态按钮表现状态的案例如下图所示。

6. 总结：总体原则

不管是模态弹窗还是非模态弹窗，它的出现多多少少会影响到用户当前的体验，所以我们使用弹窗要克制，先要对需要展示的信息做一个优先级排布，根据需求的强弱选择合适的提醒方式。只有低频而又合理的使用，用户才会当回事，避免过度使用。

取消 / 返回 / 关闭交互逻辑

平时在工作中取消 / 返回 / 关闭，都是为了解决页面的跳转逻辑，一般在页面的左上角，但到底什么时候用取消 / 返回 / 关闭，每个 App 的做法都不太一样，也成为每个交互设计师都会思考的问题。团队在讨论中主要以 iOS 的原生 App 和各行业标杆的 App 为依据，进行分析。现在将结果展示给大家。

先来讲讲三者的概念。

- **取消（Cancel）**

牛津释义：To decide that something that has been arranged will not take place now.

中文直译：当前使计划中的一些事情不发生

交互定义：终止一个当前可执行的动作

例子参见右图：

- 关闭（Close）

牛津释义：To end or make something end.

中文直译：关闭或者结束某事

交互定义：退出一个场景或功能

例子如下图所示：

- 返回（Back）

牛津释义：To end or make something end.

中文直译：关闭或者结束某事

交互定义：退出一个场景或功能

例子如下图所示：

那什么时候分别用"取消""返回""关闭"的交互逻辑呢？

在设计方案时，遇到在单个任务上有流程顺接性的，就用"返回"，一般用于页面上的主任务流程。比较独立，且是次要的任务入口用"取消"或者"关闭"。

什么是页面主 / 次要任务？

交互定义：大多数用户在当前页面期望操作的流程，或者是 PM/UE（产品经理 / 交互设计师）更希望大多数用户操作的任务流程，可以认为是主要任务，其他流程可认为是次要任务。

例子如下图所示。

　　在以上案例中，健康 App 中"今天"页面的主要任务是浏览各项数据，其中"站立小时"是主任务中的一个子流程，并且在逻辑上对主任务来说具有顺承性，于是在"站立小时"的页面左上角就是一个"返回"。而在"今天"页面右上角有查看资料的功能，这个功能比较独立，对于主任务浏览各项数据来说不影响，可有可无，所以在左上角是关闭功能。

　　那"取消""关闭"又怎么区分呢？

　　当页面的承载功能仅为浏览查看作用，就用"关闭"，带有操作性功能的用"取消"。操作性动作包括编辑、分享、新建等。在上面的案例中，资料页面承载的功能是浏览个人信息，主要是浏览查看的定位功能，所以以左上角是"关闭"。但如果是短信收件箱，左上角"编辑"功能点击之后，则会变成"取消"。

　　研究了更多的 App 之后，也发现以上结论并不是一成不变的，以上也只是做一般规律的建议，更多时候，还需要设计师结合产品实际使用场景做判断。

大牙

UI中国首推设计师，站酷100w+人气设计师，人人都是产品经理专栏作家。公众号：大牙的设计笔记。

一个对生活充满好奇心，喜欢用直白的语言去分析产品体验的设计同学。

四步完成 App 的 LOGO 设计方法

大家都知道，LOGO 对于一个产品来说，至关重要。成功的 LOGO 可以让用户在短时间内判断你是谁，是做什么的，而且区别于竞品的同时，传递自己的品牌理念，让用户达成共识，并进行广泛传播。

那么设计师接到一个 App 的 LOGO 设计需求时，如何避免不知所措，有理有据地完成设计呢？下面分享我对 LOGO 设计流程的思考。一共可以分为四个步骤：**提取关键词；LOGO 形式；确认配色；打磨细节。**

提取关键词

在接到 LOGO 设计需求时，首先要跟需求方沟通并确认，能够达成共识的设计关键词。**关键词可以从产品属性、核心理念、应用场景、用户群体、情感传递等方面提取。**明白品牌到底想传达什么，这一步很关键。在完成关键词提取之前，一定要控制住自己的双手，不要打开 Photoshop 就开始设计，那样会导致方向不合理，还盲目地陷入细节，最终沦落成天天被改改改的美工。关键词直接影响并支撑着后续 LOGO 设计的形式、配色，以及细节处理。因此，尽量避免含糊。例如，你做的是一款运动类的产品 LOGO，那么关键词可以是如下图所示的这些词。

从这些关键词中，去除重叠的，提取出 3~4 个最能体现产品定位的，同各角色达成一致后，接下来的设计就围绕着它们进行。

LOGO 形式

大家常看到的 LOGO 形式有很多，但通过整体梳理后发现，总共就这么几个套路：（1）产品名字的首字母／一个字；（2）产品全称；（3）体现产品核心功能的图形／符号；（4）产品名称的形象。对了，这个阶段最好使用纸和笔，不然很容易被线条粗细、颜色等分散注意力。

1. 产品名字的首字母／一个字

一个文字或者一个首字母作为 LOGO 主元素的优点是：能够准确地表达 App 的应用属性及其核心业务，简单实用，易于推广。

打开你的手机，不出意外的话，至少会有几款 App 的 LOGO 是产品名称的首字母或者产品名字中核心的一个文字。以一个文字作为 LOGO 的有支付宝、豆瓣、淘宝、知乎、字里行间、虾米等。

以首字母作为 LOGO 的 App 有 Medium、KRFT、Airbnb 等。

它们的 LOGO 都是采用自己产品名称的首字母作为主要元素，进行变形以达到符合自己产品定位效果的。像 Airbnb 的 LOGO，看起来很简单，但吉比亚表示，它背后有四层含义。首先，这是一个字母 A，代表了 Airbnb；第二，这像是一个人张开双手，代表了人；第三，这像是一个标记地理位置的符号，代表地点；第四，这是一个倒过来的爱心，代表了爱。

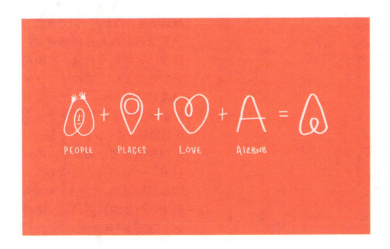

因此，以首字母为出发点，融入产品想要传达的理念进行加工，才是这个设计方式的精髓，而不是不过脑子地甩上一个字母就可以了。

2. 产品全称

LOGO 也可以是产品名字的全称。这样做的优点是简单粗暴，加深用户对产品名称的记忆，不需要对抽象符号二次加工。这类的例子有得到、简书、小红书、一言、有道、美团等。

3. 体现产品核心功能的图形／符号

以体现产品核心功能的图形为 LOGO 主要元素，优点是用户第一次使用时，通过图形能够预判这个产品是干什么的。这类的例子有 VSCO、摩拜单车、百度地图、微信、Foodie、蜗牛阅读等。

VSCO　　摩拜单车　　百度地图

像摩拜单车，光看 LOGO 就知道跟骑行有关；百度地图，一看就知道跟地理位置有关；微信，采用两个气泡，有很明显的社交属性。相对来说比较有趣的是 Foodie，它是一款美食拍照的 App，总的来看是一个相机的镜头，又像一个盘子，上面摆放着勺子和叉子，简单有趣，一语双关。蜗牛阅读，LOGO 采用蜗牛和书的元素结合起来，凸显功能的同时，还传达了自己的产品特色。

微信　　Foodie　　蜗牛阅读

4. 产品名称的形象

这一类案例有，猫眼电影，LOGO 是一只瞪着眼睛的猫；企鹅 FM，是一只戴着耳机的企鹅；印象笔记，是一头大象。

猫眼电影　　企鹅FM　　印象笔记

最初我比较好奇，印象笔记为什么叫印"象"笔记，为什么用"大象"作为主要元素。后来我去 Quora 上查了一下，是因为美国有句谚语是，**"大象永远不会忘记"。** 非常符合印象笔记的产品定位。瞬间感觉好巧妙。所以可以看出，每一个 LOGO 的背后都有自己的故事和原因，而不是拍脑袋得出的方案。

以上 4 种方式，是我们常见的几种 LOGO 设计手法。当然也可以将不同的处理手法，结合起来进行设计（比如：首字母＋功能，产品形象＋功能）。**但最重要的是，要选择能够更好地阐述产品定位的表现形式。**

确认配色

颜色对于一个 LOGO 来说也相当重要，它承载着针对用户群体的情感传递，以及品牌认知。**设计师在 LOGO 配色环节围绕着前期确认的设计关键词进行，会使自己的设计更有说服力。** 而不是根据个人喜好去定义 LOGO 的颜色。

下面是一些手机截屏，都用颜色进行分类，所以能直观看出，产品属性偏向社交或娱乐类、用户群体倾向年轻、品牌定位欢乐有趣、聚集有共同兴趣爱好的人群的App，那么它们的LOGO颜色一般为橙色、黄色等这种比较有活力的色彩搭配。如果产品属性是工具或者涉及安全类的，品牌定位也倾向于体现安全、信任、商业，那么LOGO配色较多为蓝色。

像比较文艺类的，视频或图片编辑器、酷炫的阅读或书写有卖弄文字的轻量App，比较钟爱黑白色。

当然，颜色的运用也并非绝对，**大家可以多看下色彩心理学相关的书籍，再加上对产品的理解，以及考虑大众对颜色的普遍认知，从而找到最合适的配色方案。**

打磨细节

确定了 LOGO 的形式和配色后，接下来就应该"陷入细节"了。LOGO 巧妙的细节处理，会让人对他们的产品提升好感度。

在 LOGO 设计中，常用的协助精确图形轮廓和细节的工具，是黄金比例。从公元前的古希腊，黄金比例就开始被广泛应用，尤其是用于雕像和建筑，而记载资料中最早应用这个比例的人是古希腊学者兼建筑家维特鲁威。现在这种方式更多地运用到 LOGO 设计、版式设计或者工业产品设计上。

黄金比例和几何在设计中的应用，先不说带有争议的美学部分，单说逻辑性，是衡量一个 LOGO 是否严谨的重要指标，越简单的图形越是如此。

以上是我对 LOGO 设计流程的思考，总的来说就是，**先了解产品背景，提取出关键词；尽可能地脑暴不同形式的 LOGO，筛选最巧妙的符合产品定位的方案；根据产品属性及用户群体，定义配色；打磨 LOGO 细节**。采用这种流程设计 LOGO，能够让你从比较广的维度去思考，慢慢聚焦到细节去设计，从而做出一款比较有说服力的设计方案。

关于卡片式设计、分割线、无框设计的思考

每年都会有一波又一波的设计趋势流行起来，被设计师们追随和模仿着。大家总觉得迎合趋势做的设计肯定不会差。例如，之前流行的卡片式设计，很多设计师都采用这种形式，来区隔内容模块；今年流行的无框设计，一窝蜂地开始去分割线、去边框，做大面积留白的设计。然而，**你有没有反问自己是在被趋势牵着鼻子走，还是真正深思熟虑后，选择更符合自己产品定位和内容传达的表现形式？**

我也思考过这个问题，对不同产品界面的布局样式进行分析和梳理，下面分享给大家。

在做界面设计时，我们为了区分信息结构及层次，通常采用以下 3 种布局样式：**卡片式设计、分割线设计、无框设计**。

卡片式设计

自从 Android 4.1 上 Google Now 登台亮相之后，卡片式这种设计思路 / 风格慢慢就流行了起来，被大家所关注和使用。Google 将它称为"Inside Out Design（由内而外式）"，它的本质是更好地处理信息集合，卡片式设计有以下几种优势：**（1）增加空间利用率；（2）区分不同维度内容；（3）提升可操作性。**

1. 增加空间利用率

相比于传统列表式布局，卡片式设计能更好地打破原有的框架。

比如，在传统列表下，内容一般为纵向滚动操作，展示的内容有限，而采用卡片式的布局，在纵向的内容流里，还可以很好地增加横向滑动的内容区域，而且看起来很整体。例如，知乎 feed 流里增加知乎 live 的横向滑动内容。

2. 区分不同维度内容

卡片，其实比较像一个容器，可以把不同维度的内容放入不同的卡片中，使其在内容区分的同时，还能保持界面的统一性。

比如：淘宝采用卡片处理信息的层级：**第一个卡片：承载着个人信息及偏好；第二个卡片：购买操作后的所有关键流程；第三个卡片：一些淘宝内使用率不高的功能聚合；第四个卡片，是对支付宝和理财产品的一种推广等。**

知乎　　　　　　　　淘宝

每个卡片都是不同维度、相对独立的，但通过不同大小的卡片归纳后，**比起传统列表项 + 分割线 + 标题的视觉效率要高很多，显得更有秩序。**例如荔枝 FM、微信读书，也采用卡片式设计，来归纳不同维度的信息内容。

荔枝FM　　　微信读书

还有，微信公众号和 AppStore，同样采用这种处理方式，把繁杂的信息以时间维度，归纳到不同卡片中。

公众号　　　AppStore

3. 提升可操作性

卡片是一种拟真元素，可以被覆盖、堆叠、移动、划去，这样能更好地拓展内容块的视觉深度和可操作性。例如，iPhone自带的"提醒事项"App，就采用卡片堆叠的方式，用户可按照标题快速查找目标备忘录，同时进行点击操作，打开卡片内容。

探探，运用卡片式设计，实现左右滑动代表感不感兴趣的操作，从而增加产品的趣味性。

提醒事项

探探

但是，**卡片也有它的弊端，如果盲目地使用卡片设计，也会使设计变得低效和空间浪费。**举个例子，右边这种效果图，设计师们应该都不陌生，因为在各大设计网站上经常看到。

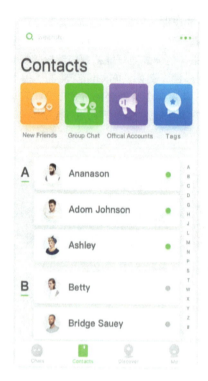

但是，认真分析一下，好好的一个通讯录，明明只有简单的头像和名字的元素，非要包裹在卡片里，而且卡片与卡片之间还要留出间距。为了视觉效果，这么浪费空间，并且还影响效率。

如果按照微信的策略，好友可以加到 5000，那找个人不得向上滑得累死吗？

Dribbble 概念设计

分割线设计

在 UI 设计中，最传统且最常见的分割方式是"线"。它能起到分割、组织、细化的作用，帮助用户了解页面层次，赋予内容组织性。而"线"，可以分为：（1）全出血分割线；（2）内嵌式分割线。

1. 全出血分割线

"出血"是一种平面印刷中的概念，而"全出血"指的是分割线横向贯穿整个页面，一般为了区分更加独立性的内容信息。比如，知乎的"想法"feed 流里，就是采用全出血分割线的形式，让信息分割得更明显，更有独立性。

知乎

如 Google Photo，用全出血分割线，来区分上面的默认分类和下面相册的模块内容。

Google Photo

2. 内嵌式分割线

内嵌式分割线，不同于前者，**它一般会在"线"的前面留有缺口，来区分统一模块下的相关内容，目的是为了让用户浏览大量相关内容时，更加高效。**如知乎的"更多"页面，卡片内采用内嵌式分割线，来区分同一维度下有关联的内容。如第二个模块里，我的创作、我的收藏、我的关注、我的邀请回答，都是"我"操作后的内容信息；而第三个模块，已购内容、我的私家课、我的 Live 等都是跟"钱"或"付费"相关的。

所以，**内嵌式分割线，比较适合这种划分有关联性内容的设计，有助于提升浏览效率。** 其实，采用"线"的分割方式，相对其他两种（卡片式设计、无框设计）是比较保守的解决方案，但是，**前提是要处理好"线"的间距、粗细、颜色等问题。**

知乎

无框设计

无框设计是近两年流行起来的一种新的趋势，是去除界面中的边框、分割线，用间距来区分内容。它适用于**大图为主、内容有规律、小众且垂直的产品**。

1. 大图为主

大图为主指的是以图片为主的产品，每张图片本身就可以起到分割的作用，因此，不需要采用多余的线或边框进行分割。

比如：Instagram，发布图片前，用户被强制对图片进行正方形截取，才能保证图片在 feed 流里的宽度，撑满全屏，从而看起来很整体。

可能有的同学会问，**为什么国外的产品就这么高大上，微博怎么就不能去分割线，做减法，搞得洋气一些呢？** 那么大牙来带你分析一下！Instagram 只支持发送固定尺寸的图片和视频，而微博支持发送图片、文章、视频、纯文字、签到、点评等内容。同时微博 feed 流里的图片，支持 1~9 张不同情况的排版，而且在只发 1 张图片时，为了更好地呈现出用户的原图比例，还要处理成 4:3、16:9、正方形，以及特殊尺寸的缩略样式，同时还有 gif 图的情况，还支持在自己的状态下添加不同的话题。那么只用间距留白来区分会怎样？场面会像刚地震完的样子……

Instagram

微博

所以现在想，微博用卡片形式来承载这些内容信息，还是有一定原因的。

2. 内容有规律

内容有规律指的是，**留白间距上下的内容，最好是相对一致的、重复的、亲密的，这样用户会下意识地将其分为一组。**如 Airbnb 采用的无框设计，原因是它们的信息元素很统一、重复，才给人营造出比较整体的感觉。同时，合理运用大标题也起到关键性作用。

而同样采用无框设计的"下厨房"App，首屏由于每个模块信息元素不一致，而且模块内元素的左右间距也不一样，字号种类过多，导致界面看起来相对有些杂乱。

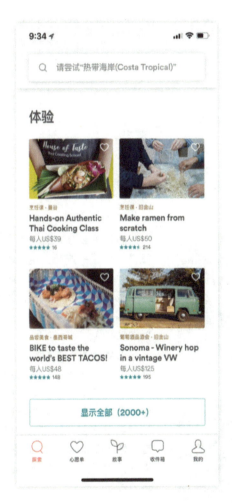

Airbnb

下厨房

3. 小众且垂直的产品

　　小众且垂直的产品，一般情况下目标用户聚焦，功能简捷。因此，**能够比较好地运用无框设计**，跳出传统的规范做出创新的设计。如轻芒杂志，采用无框设计的同时打破传统的移动端浏览体验，更符合它们自己的产品调性。

轻芒杂志

　　下面是 FOOTAGE，一款小众且文艺的产品，由 VUE 团队设计。他们采用无框设计的前提是，每个界面元素有限，功能内容简洁。

FOOTAGE

　　但如果是像微博、淘宝、微信等体量的产品，用户群体广，内容繁杂且层级较深，那么，需要找到一个效率更高的信息呈现和交互的基础隐喻，无框设计可能就不太适合了。

　　总的来说，任何表现形式都应该是为了更好地呈现功能及内容，而不是盲目地追随趋势。**自成一派的优秀设计师并不需要受到任何风格的局限，因为他知道风格并无好坏之分**，而是探索更适合自己产品的处理方式。

如何将品牌基因融入产品设计

在日常工作中你有没有遇到，自己做的设计很难跟竞品产生差异？只能盲目追逐趋势缺少自己独立思考？做不出符合自己产品品牌调性且独一无二的设计方案？嗯，摸着你的胸口说实话。在互联网产品设计越来越同质化的今天，做出有自己品牌调性和差异化的产品，是每个设计师需要去面对的挑战。大牙现在就跟你一起分析一下，如何将品牌基因融入产品设计，从而提升产品的识别度。

什么是品牌基因

品牌基因包括品牌核心价值和品牌个性，不同的品牌基因，是各品牌之间形成差异化的根本原因。**在不同场景中成功地延用品牌基因，能让用户一眼就能看出这是你的产品。**下面举几个传统行业比较经典的案例来感受一下。比如：当你看到右边这块格子纹理时，会想到什么品牌？

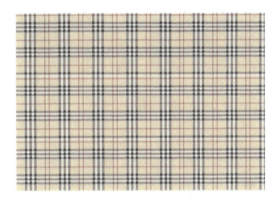

对，棕色格子让你想到了巴宝莉（Burberry）。这就是品牌基因的力量。同时在每年的新款产品中，不断把品牌基因延续到产品中，能够增强品牌感知，强化自己的定位。

还有保时捷前车灯的设计（青蛙眼）。**这种比较有差异性的外观设计，被严格地应用到保时捷的所有汽车产品中，就算你遮住它车上的 logo，也能一眼看出是什么品牌的。**

再举个互联网产品的例子。看左图，虽然都是二维码页面，但是大面积的颜色，就能让你很直观地分辨出是谁家的产品。**因为蓝色属于支付宝的品牌基因，绿色属于微信的品牌基因。**同时这两种颜色，在支付过程中，也会给用户带来安全的品牌感知。

当然，品牌基因是一门比较广的学问，在不同领域包含的维度也不同。例如，在传统行业里，甚至某种服务（海底捞），某种说话语气（优衣库导购抑扬顿挫地说："欢迎光临，随意挑选"），都是品牌基因的一部分。**由于我们都是设计师，所以今天重点围绕的是品牌基因里"视觉"这个维度。**

如何定义品牌基因

说了那么多别人家的品牌基因如何厉害，那么如何定义自己家产品的品牌基因呢？通过分析发现互联网产品中，有两种常用来定义品牌基因的方法：（1）LOGO 提取法；（2）品牌故事提取法。

| LOGO提取法 | 品牌故事提取法 |

1.LOGO 提取法

LOGO，通常是奠定品牌基因的基础，通过提取 LOGO 中的基因，沿用到产品的不同场景中，从而提升品牌的识别性。一般情况下可以从两个维度提取元素：**LOGO 的"形"和 LOGO 的"色"。**

（1）LOGO 的"形"

把 LOGO 的形状当作视觉符号，提取出来，进行延续和拓展。比如：美团外卖的袋鼠形象，在图标的设计和下拉刷新上都进行延续性的处理，品牌感知度更强。

（2）LOGO 的"色"

从 LOGO 中提取比较有特色或代表性的颜色，当作品牌基因，也是常见的一种方式。比如：抖音的 LOGO，比较符合年轻化的用户群体。

提取 LOGO 的颜色，结合着"抖"的主题，运用在产品不同环节，建立与品牌的联想，让人看到这些设计就会知道是抖音的。

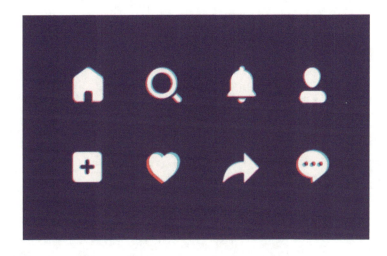

以上是 LOGO 提取法的介绍，通过对形和色的提取及运用，加深用户对产品定位的感知，强化品牌识别性，是比较常用的一种方式。

2. 品牌故事提取法

另一种方式是品牌故事提取法，通过对品牌的定位梳理出品牌故事，从而推导出品牌性格，最后提取出视觉语言——辅助图形。

比如：网易严选（以下介绍来自网易严选官方文章介绍，这里用来帮大家拆分一下提取的方法）是网易自营类家居生活品牌 App，秉承严谨的态度甄选天下优品（**品牌定位**）。

使用场景是，用户躺在懒人沙发上悠闲地看着书，坐在窗边惬意地喝着茶，或是靠在阳台上享受午后的阳光。他们不紧不慢，追求品质，享受宁静（**品牌故事**）。所以，品牌关键字是品质、生活、宁静（**品牌性格**）。

从品牌关键字提取到的设计语言是细节化、场景化、简约化（**品牌基因**）。

那么，网易严选底栏的 ICON 设计，都是以家具为原型衍化而来的，给人以场景感、真实且生活化的感受，传达出品牌的基因。

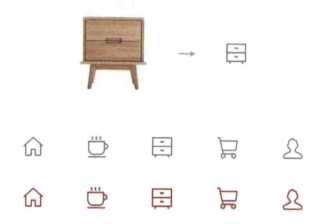

登录页面的设计，运用大面积留白空间的商品图，加上自然的投影，给人营造简约中带着场景、细节感，无形中透露着品质、生活、宁静的基因。

以上是品牌故事提取法，相比 LOGO 提取法来说，它更为抽象，围绕着品牌基因关键词，进行拓展和延续在产品的不同场景中，以达到视觉感官的一致性。

哪些环节适合融入

上面分析了什么是品牌基因，如何定义品牌基因，下面要说一下产品中哪些环节适合融入品牌基因，来提升产品的识别度。

通过分析市场上的产品，可以大致分为四个维度进行融入：（1）ICON；（2）排版；（3）默认页；（4）动效（本节不涉及）。

1.ICON

ICON，是最能够让用户产生品牌感知的地方，也是设计师发挥空间较大的地方。比如，陌陌的 ICON 设计，提取了 LOGO 的"形"和"色"，进行基因延续（LOGO 提取法），形成自己独特且具有识别性的设计语言。

"更多"页面 ICON 的绘制，也是延续 LOGO 的处理手法。

就连照片编辑页面的笔刷颜色，也是运用品牌一致的配色，使品牌感知更强烈。

好好住，也通过对LOGO的"色"进行提取，运用到自己的ICON设计上。

有道精品课，底部的ICON风格，提取了LOGO的绿色和半透明的基因，在未选中的灰色ICON上也延续这种处理手法。

爱奇艺的"泡泡"，是品牌做得比较好的模块，因为它既延续了爱奇艺的主色"绿色"，同时，针对泡泡的用户群体，又做了差异化处理，符合定位的趣味化处理，对母品牌基因，做了很好的延续和差异化处理。

2. 排版

一个界面的排版方式，是给用户的第一感受。如何做出符合产品定位且具有识别性的排版设计，是很多设计师面临的挑战。**它不能像 ICON 一样运用 LOGO 提取法就可以搞定，而更适合采用品牌故事提取法。**

轻芒，一款碎片化高品质的阅读 App，定位于有趣味、有品位又小众的用户，营造出一种杂志捧在手心里的感受。因此它的品牌基因就是：高品质、小清新、生活。

从右图可以看出，整个排版方式跳脱常规的设计规范，更贴近纸质杂志的感受，而且大面积的留白及高端大气的配图，也体现了它高品质的品牌基因。

虾米音乐，最近更新的版本 7.0，也是前几个月在线音乐平台版权归属调整后，一个比较大的动作。**这次改版也能看出虾米音乐在找自己全新的定位，从"小而美"到"美而潮"。**

改版后，将全新品牌定位也融入到了页面排版中，更加大胆。同时顶部分类导航的处理，更符合音乐产品的调性，从而增强了品牌的识别性。

好好住，是一款室内装修的 App。由于需要装修房子，所以朋友给我推荐这个 App。下载之前觉得一个装修的产品，应该带有浓浓的施工队儿风。但是，下载后，发现它给了我一个大大的惊喜。

因为一个装修 App 做得如此清新脱俗，可以说很有灵魂了。

它的定位是针对年轻人，在有了自己的小房子后，来这里寻找一些家居设计方案，以及交流社区。**因此这种简洁且具有情感化的排版方式，加上趣味化图标和插画点缀，很符合它的品牌调性。**

3. 默认页

默认页也是我们常说的空页面，一般会有一些功能的引导，或者由于异常情况，消除用户焦虑感的设计。它的特点是空间比较大，因此里面的插画配图，很适合对品牌基因进行延续，来强化用户对品牌的心智。

TIM，是腾讯出的一款专注办公、多人协作以及沟通的软件。**整个产品的视觉基因是比较尖锐、体现效率的切角，因此在空页面上也做了视觉延续。**

企鹅 FM，腾讯出的电台产品。它的空页面插画设计，是提取了 LOGO 和界面内 ICON 的基因，从圆角的处理到颜色，虽然很简洁，但很有自己的品牌调性。

Google Photos 的空页面，是以场景化进行引导的。插画的风格沿用 Google "面"状的处理手法，采用不同明度的灰色进行处理，形成自己独特的设计风格，同时又符合 Google 整体的母品牌基因。

总的来说，**学会定义自己产品的品牌基因，合理地将其融入产品中的点点滴滴，从而提升产品的品牌调性和识别性，是身为设计师最应该努力去做的事情。**而不是盲目地跟着设计趋势走，因为只有符合自己品牌定位的设计语言才是经典的、具有识别性的、具有说服力的，而跟趋势的你，终将被趋势所抛弃。

设计工作 3 年左右，你迷茫过吗

每个设计师都会遇到工作的瓶颈或者迷茫期，或早或晚。写这篇文章的原因，也是因为自己遇到工作以来第一次最迷茫的阶段，这大概持续了几个月的时间。可以用挣扎、痛苦、焦虑来形容。不过还好，最近渐渐地走出迷雾，人生又美好了起来。所以想记录下来，作为一个总结，也可以说是一个具有仪式感的过渡。正好分享给大家，希望能帮助到正经历这个阶段的你，或者鼓励到正在奋斗的设计师。

什么原因会导致迷茫

这里说的迷茫，不是针对执行力差，经常打嘴炮，天天说自己迷茫其实都是因为懒的人。而是足够努力，但不确定方向是否正确；不满足于待在舒适区，然而短时间没有明确的目标；一步步完成了目标，突然发现不知道自己到底想要什么样的生活等。

其实总的来说一般有几个原因：**（1）对现状的不满；（2）对未来事情的未知；（3）对长期目标的不明确。**

我经历过的两个迷茫阶段

1. 毕业前

将要步入社会时，是个迷茫的坎。要么找工作遇到困难，要么不知道自己适合做什么，要么专业不对口，要么刚刚脱离集体生活很无措。拿我自己来说，在毕业前，也是不知道未来进什么样的公司会对自己之后发展有利。是去 Bat 这样的大公司；还是去高速发展的中型 C、D 轮融资的公司？或者去产品更加小而美的、有情怀的创业公司？

后来发现，是自己想多了。由于考研错过校招，而社招的话，都要有工作经验的，我没有。作品集都是大学做的平面广告设计和书籍装帧，而人家要互联网设计相关的设计师。面试几次失败后我都是哭着回学校的（嗯，那时候我还是年轻娇羞的大牙），发现自己进入了一个死循环（在找工作－没经验－作品不对口－面试失败），特别迷茫。

我当时的处理方式是，发现再痛苦再纠结也没有什么用，根本解决不了问题，**要做的就是立即付出行动，而不是陷入无尽的迷茫。**所以，我决定不继续面试了，本身已经意识到差距，再继续面试下去，纯粹是浪费精力。因此，我把面试过程中自己所有不足的地方梳理出来，开始狂看互联网相关的书、体验各种 App、加班修改设计、顶着油油的脑袋重新调整作品集和简历、找学长学姐给自己提意见、自己模拟面试回答……

后来找到满意工作，渡过了第一个迷茫期。

2. 工作 3~5 年

不知道大家有没有意识到，在招聘信息里，要么是招应届毕业生，要么是有 3~5 年工作经验的人。招工作 1-2 年的就很少。我尝试从自己这几年的经历和想法的变化，思考这是为什么。然后发现工作 1-2 年的时候，由于刚开始工作，兴奋劲儿很足，不挑活，感觉做什么都是学习，浑身都是鸡血，看谁都是大牛。所以想要换工作的想法不多，一般还不会遇到工作瓶颈。

但是工作了3～5年的时候，自己的小目标也陆陆续续实现，重复性的工作使你对工作变得麻木，同时发现以前认为的大牛也不过如此，那么内心就会慢慢地开始骚动。我也是从工作3年多，突然开始更多地思考自己的职业规划是什么、什么是自己的核心优势、如何突破自己现状获得成就感，还自我否定觉得自己什么都不行，变得很焦虑。甚至我都反问自己，到底有没有那么喜欢设计？这事儿真的可以做一辈子？开始了无尽地自我反问……总之，都是以前觉得假大空的问题，突然冲击着我的脑袋。

我当时的处理方式是，开始找身边不同行业的同学聊天，希望了解设计圈以外，别人是什么样的节奏；跟身边工作时间更久的同事聊，看他们之前有没有同样的感受；读专业的、心理学的、经济学的书把自己眼界打开，找到更多的方向；每天下班后跑步……

差不多有两三个月的时间，我越来越意识到心态的重要性。同一件事情，不同的心态，过程和结果就会不一样。我开始尝试**换一种心态对待不变的工作来获得成就感和提升自我。**

（1）例如做设计，以前所认为已经做麻木、没挑战的设计需求，试着总结规律看能不能抽出来高效的方法论。

（2）意识到输出很好的设计效果已经满足不了自己，我就开始关注数据所反映出的用户的反馈，以及如何结合定性定量的分析进行持续优化，来提升体验。哪怕这期间没有输出所谓的视觉稿，而更多的是沟通和梳理逻辑上的问题，我发现同样会给自己带来更多的成就感。

（3）以前觉得工作没挑战了、项目做腻了，是不是要考虑换工作。慢慢意识到，不是所有地方都有那么多可挑战的事情要你去做，不是所有的好机会都在等着你去发现。而是要学会放平心态，利用大大小小的项目，学着把问题想得更有深度，解决方案更优雅，抽取的方法更高效，知识沉淀更到位，从而建立自己的专业壁垒。

渐渐地，状态就调整好了，走出了所谓的第二个迷茫期。

总的来说，这次迷茫比第一次更痛苦，因为刚毕业的你知道自己哪里都不足，明确需要学习的地方很多，很快能找到方向。但工作3~5年后，考虑的问题会更多、更复杂，需要一层层剥离和分析问题，来找到自己内心最想要的答案。

如何度过你的迷茫期

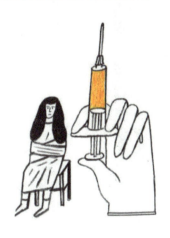

1. 找人聊

这个阶段多跟人交流，而不是自我封闭。因为在这段时间里，自己想问题会很极端，很局限，容易把自己陷入一个怪圈里走不出来。所以，多跟有经验的人聊，你会发现你所经历的、纠结的、迷茫的，可能他们也曾遇到并解决过，而且**你会发现大部分人的成就都是努力的结果**；多跟从事不同行业的人聊，你会发现自己迷茫的事儿，跳出来看并没有想象中的那么不堪；多跟比自己年轻的人聊（如果你已经工作很久），你会发现很多优秀的年轻设计师，身上的激情可以重新感染到你。

2. 多读书

跟人聊多半会让你短时间内有了方向，或者得到安慰，但是确定目标并付诸实践，最重要的还是自己内心的坚定。所以多读书，好多问题都可以从书里找到答案，找到共鸣。不要让自己的视野太过狭隘，**或许，迷茫只是因为自己的局限性。**

同时我还发现，身边的很多设计师会把时间都花到做设计上，提高技能肯定没错，但学习理论知识也相当重要。它能使你更有理有据地推进项目、看到优秀设计作品时明白背后的意图、从不同维度给自己带来新的灵感，而不仅仅停留在视觉表面。

3. 动手干

好多人都有个坏习惯就是拖延。知道对现状不满意，也明白该做什么，但是执行力不够。导致一直拖延，后果就是，越拖延越有负罪感，越负罪越迷茫，成了恶性循环。我之前也有类似的问题，比如写文章这事儿，我总觉得自己写东西不行，等多看看书再写吧。或者，觉得自己的工作经验也有限，写设计相关的文章观点如果不对，会不会影响到阅读人的认知，不够负责…… 一系列的借口，都说服了懒惰的我。

然而，最近我决定，**想做就直接做，不要磨磨叽叽**，没有差的就永远写不出好的，所以真正动手做了这事儿，学着突破自己，你会发现挺有成就感的。

你会发现，迷茫阶段虽然痛苦，但其实是很宝贵的，它让你更倾听内心的声音，让你不满足于现状尝试突破，变得更好。因此，抓住成长中每一个转折点、每一次挑战，来完善自己。还有就是，虽然工作和学习很重要，但是玩儿也同样很重要。无论什么事情都要达到平衡和适度，才能长久。所以**打怪升级的路上记得保持乐观。**

设计师，该如何带团队

身为设计师，随着工作时间变久、经验增多、业务需要，会慢慢面临带设计团队的需求。以前，我认为带人嘛，挺简单的，就是自己张张嘴，别人做东西就可以。但这事儿真落到自己头上时，瞬间眉头一紧，感觉事情并没有那么简单。**因为，相比自己做出一个厉害的设计，建立一个设计能力强、学习氛围足、思维活跃、有创造力的设计小组，真是一件令人秃顶的事儿。**

我就用一篇文章，来分享一下在这个过程中我的一点点思考。

什么是好的设计团队？

在带团队之前，首先要明确"什么是好的设计团队"。一般可以通过 2 个维度来衡量。

公司层面：好的设计团队，能够赋能产品，为公司创造价值、产生收益、提升影响力。

个人成长层面：**好的设计团队，能够发挥自己优势，在完成业务需求的情况下，得到自身的专业成长，同时有一个开放的沟通环境及个人成长空间。**

如何带团队？

明确了什么是好的设计团队，接下来就要看怎么带了，我认为有 4 个方面比较重要：1）制定团队目标；2）挖掘个体亮点；3）定期集体沟通；4）制定设计规范。

1. 制定团队目标

设计师工作中感到迷茫、没有方向，大多是由团队目标不够明确导致的。不仅如此，没有明确目标的团队，也很难做出对公司有价值的设计。因此，团队负责人，要懂得制定和拆分目标。一般情况下，目标可以分为**长期目标和短期目标**。

（1）长期目标

长期目标，指的是能够指引团队，在未来至少一年内做事的方向。我目前会考虑制定"年度"目标。**在制定前，应该先去确认"产品"的年度目标，因为设计服务于产品，在产品目标的基础上，从而提炼设计可以发力的点。**

你可能会问，怎么提炼呢？拿某美图 App 举例，它的年度目标是：扩大用户规模。那么，"扩大规模"可以拆分为：1）提升新增用户；2）增加用户黏性。

从"提升新增用户"维度，提炼出设计目标：**1）优化产品运营活动模块设计（使用户通过运营活动转化为端内新用户）；2）优化产品分享模块设计（引导老用户把内容分享出去，让更多人看到，从而吸引新用户过来）。**

从"增加用户黏性"维度，提炼出设计目标：**1）品牌整体升级（使其更符合现阶段用户的定位，达到情感共鸣）；2）端内产品体验升级（体验好，用得爽了，老用户也会有依赖）。**

有人还会说，单纯地从设计维度提升用户人类好难，这种目标，能实现吗？那再举一个例子，天天 P 图，前段时间"前世青年照"活动，由内部设计师全权完成。活动上线 28 小时，参与人数破亿，助力天天 P 图登上 AppStore 总榜第一。这是实实在在的设计赋能业务新增的优秀案例。

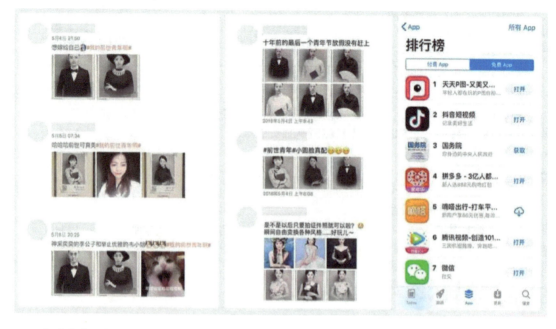

（2）短期目标

短期目标，是服务于长期目标的，把长期目标拆分成：每月、每周、每天可执行的事情去做。方向明确，目标清晰，人生有没有一下子美好起来。

总体来说，长期目标指引方向，短期目标辅助进行。这么做，不仅能给公司产品带来更大的价值，同时也减少设计师盲目试错，绕弯路，从而提升工作效率。

2. 挖掘个体亮点

就像打王者荣耀这个游戏，团队里需要法师、刺客、辅助，只有阵容合理，发挥出各自优势，才能打赢。其实，设计团队也一样。

每个设计师都有他的优势，比如，有人产品思维较强、有人擅长插画、有人专攻动效、有人沟通厉害、有人创意十足。好的团队，应该让擅长的人做擅长的事，而不是让产品思维强的人，去画插画，让动效强的人去做手绘。那么，如何挖掘设计同学的亮点呢？**往期作品和沟通探讨是很好的挖掘方式。**

往期作品　　沟通探讨

（1）往期作品

其实，一个设计师的亮点，从往期的作品或者项目中，可以明显看出来。比如：拿作品集和简历举例，有的同学会在作品集中，体现很多通过产品数据推导出的功能模块设计，那么它的产品思维会比较强。

有的同学，做的 UI 虽然很好看，却没有灵魂，但可以看出他的排版和运营设计能力还不错；有的同学，除了作品集，还有视频剪辑的短片，说明他可以解决团队内视频剪辑需求、动态运营需求等创新业务。因此，我们要努力发现大家身上的优点。

（2）沟通探讨

每个人心里也都有自己的小规划，私下可以一起沟通职业规划、感兴趣、希望挑战的地方，给他们更多的机会去尝试，也是培养亮点的好机会。**给一点点建议：在刚工作的时候可以多方面尝试，但是到工作 3 年左右，最好能找到自己的核心优势，即难以被取代的优势。**

3. 定期集体沟通

很多设计团队的工作方式是，自己干好手里的活就可以了，大家很少进行沟通讨论。其实，设计师很需要一个好的讨论氛围，进行思维碰撞，激发大家脑洞。常用的讨论方式有**设计内审、工作坊（workshop）、跨领域分享**。

设计内审　　workshop　　跨领域分享

（1）设计内审

设计内审，指的是设计方案内部评审，比如：某位设计师完成设计方案后，呼唤组内其他设计同学，提（zhi）点（dian）意（jiang）见（shan）。

内审的优点在于：1）被内审同学只有思路足够清晰，才能说服别人；2）其他设计同学只有了解业务，才能提出合理意见；3）讨论后得出的方案，更经得起推敲。

建议：被内审的同学，在评审前，先主动陈述清楚，所需评审模块的产品目标是什么，调研了哪些同类产品设计，做了哪些方案，最终倾向于哪种方案，以及为什么倾向等。

而不是上来说一句："大家看看有什么意见没"。人家都不知道什么背景，怎么提意见，就算提了意见，也不一定是合理的。

（2）工作坊(workshop)

工作坊，最早出现在教育与心理学的研究领域之中。后来被流传开来，成为一种针对不同立场、族群的人们思考、探讨以及相互交流的一种方式。

在什么时候会使用到工作坊呢？一般情况下，**在团队一致性不高以及问题复杂程度较高的时候，使用工作坊的方式来梳理问题，分析问题，从而解决方案。**

具体的方法可以在网上搜一搜，有很多方法，我这里就不详细解释了。

（3）跨领域分享

这里的"分享"指的是内部设计分享，"跨领域"指的是，非互联网行业的知识。

因为大家说起设计分享，只停留在 ICON、渐变风的趋势、留白、按钮。其实可以打开思路，多分享互联网以外的设计和想法。

例如服装设计、汽车设计、家居设计、设计美学、音乐、心理学、哲学等，这些都是相通的，很可能在不经意间给你灵感。

很多人说，道理我都懂，到底哪通了！我咋都用不上呢？

例如，你喜欢服装设计，可以从每年新款上提取很多好看的配色方案，跟组内同学分享。

例如，你对奢侈品感兴趣，有没有发现，奢侈品牌里的经典款，很喜欢用黑金配色，潜意识里就会给人尊享的感觉。

所以，映射到互联网产品中，很多会员中心或者增值服务，也会选择这种配色。

知乎　　　　　京东　　　　　下厨房

跨领域分享，其实也是督促组内同学，不局限于日常工作中"狭义"的设计，能够关注生活中的点滴细节、扩充知识面、提升眼界和深度思考能力，从而通过"映射"的方式，为互联网设计提供思路。

其实，不管是内审、workshop，还是跨领域分享，都能让团队有一个更好的沟通氛围，从而提升设计和沟通能力，而不是闭门造车式地闷头画界面。

4. 制定设计规范

设计规范，虽然很重要，但我觉得它只是做设计的基础，确保不出错、效率高、避免设计水平参差不齐带来的体验不一致的问题。

设计规范包括各系统官方设计规范（iOS、Android、Web、PC、Mac 等）、团队产品设计规范（UI 设计规范、运营设计规范、交互控件规范等）。

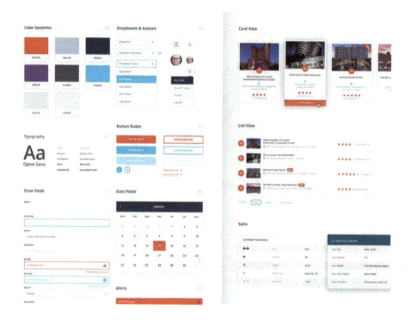

团队产品设计规范，应该随着产品的迭代，不断更新、持续优化，不然盲目地遵循老旧规范，很难做出创新的设计，以及创意上的突破。

总的来说，如果你希望设计为公司带来更大价值，组内同学少走弯路，就要**制定团队目标**；如果你想让组内同学快速成长，让合适的人做合适的事儿，就要**挖掘个人亮点**；如果你觉得团队需要创造力和激情，想要激发大家的脑洞，碰撞创意火花，就要组织**定期集体沟通**；如果你担心设计不够统一、出现残次设计、配合效率较低，就要**制定设计规范**。

每个设计师在职业生涯中都会有新的挑战，带团队对我来说，也算是打怪升级道路上的一个关卡。因为想得更远，承担的责任就更大。

此期间，我也迷茫过、痛苦过、无助过，还好已经慢慢解决了。思维方式和看问题的角度，也从以前的"点"逐步形成现在的"面"，更加周全。不过，还是有很多需要学习的地方。接下来继续加油，跟大家一起探索更好的设计。

设计师，如何运用产品思维制作"个人简历"

平时，很多设计朋友私信，让我帮忙看下简历或作品集，发现重复的问题很多，而且我时间也有限，没办法一一回复；每年9月是跳槽的高峰期，因此，这个主题正好对大家比较实用；很多同学做简历时，**总是停留在排版好不好看、字体高不高端、配色创不创新层面**，但这并不是简历最核心的因素。所以，就此拿出来写一篇文章，希望能够给你们做简历时，提供一些新的思路。

身为设计师，尤其是用户体验设计师，简历，很大程度上体现了你的专业素养。那么，你有没有在做简历时考虑到以下因素：**简历给谁看（受众群体）、在什么场景下看（用户场景）、需要看多久（用户时长）、对方需要什么人（用户需求）、自己的优势是什么（核心价值）** 等。

简历给谁看？	→	受众群体
在什么场景下看？	→	用户场景
需要看多久？	→	用户时长
对方需要什么人？	→	用户需求
自己的优势是什么？	→	核心优势

其实，就像做产品一样，你只有明确了简历给谁看，在什么场景下看，才知道简历的内容该放什么，该放多少；只有明确了对方需要什么样的人，才能有针对性地体现自己的优势。所以接下来，我就把以上这些因素穿插在文章不同环节，来分析如何制作简历。

由于设计师职业的特殊性，在很多情况下，作品集也是简历中非常重要的一部分，因此，我把简历分为两个部分来讲述：**个人简历和作品集**。

个人简历

简历，就像是一份个人总结，来阐述你是什么样的人，能做什么样的事。

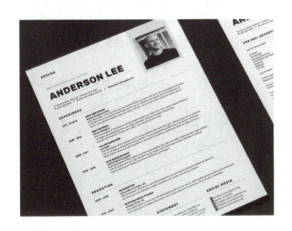

由于招聘人员每天要浏览大量的简历，而且又可能随时被打扰（用户场景）。因此，你的简历应该是结构性地、言简意赅地、直接地表达你的工作价值，让对方高效浏览，且快速抓住重点，判断你是否合适此岗位。因此要做到：**（1）重点突出；（2）形式易读。**

[重点突出] [形式易读]

1. 重点突出

简历上想要做到重点突出，首先要明白：**哪些内容该强调，哪些该弱化，哪些根本不用放。**

姓名

sudaya@gmail.com | 15011292233

基础信息

居住地
性别
工作年限

教育背景

学校
学历
专业

该强调的：

从招聘者角度出发，影响是否给你面试机会的有三个因素：**基本信息、教育背景、工作/项目经历**。

基本信息包括：联系方式、姓名、性别、工作年限、居住地等，这些并不是最关键的决定性因素。但是要放到最前面，偶尔有一票否决权。

建议联系方式写到你简历中最醒目的地方，方便招聘人员在任何场景下都能快速联系到你。

教育背景包括学校、学历、专业。教育背景对于应届毕业生，或者刚毕业1~3年的设计师比较重要，很多公司有一些硬性要求，但是如果你的作品在行业内有很大影响力，或做出过突出贡献，那还说什么，直接收了！

对于工作5~10年，比较资深的设计师，更看重的是你的项目能力及实战经验。也就是**资历越深的设计师，教育背景对是否录用你所占的比例会越小。**

工作/项目经历包括公司名称、在职时间、工作职责、相关项目、业绩（可量化的）等，这部分是简历中最重要的。

建议大家对这部分内容要模块清晰、有逻辑地去阐述，让对方快速抓到重点。避免没有主次、过于啰唆，让人没有欲望看下去。

例如，通过**工作职责**的陈述，对方能判断你在以前公司，是什么角色；通过所负责的项目，对方能知道你未来可以胜任多大的工作强度，以及能服务于多大体量的业务；通过工作业绩，更能客观地展示你为公司所创造的价值。

工作经历

公司名称
2015.09–2017.08

工作职责
负责项目
工作业绩

如果是刚毕业的应届生，没有工作经历，也可以把在校做的项目经历写上（**建议，在校大学生多出去实习，不要天天玩游戏、谈恋爱、逛社团了，不然毕业找工作没有任何经验，是挺难的**）。因为，大部分单位都希望招来的人，能立马上手，快速创造价值。

> **TIPS**
>
> 工作经历，按照时间倒叙去写，一般招聘单位比较看重你近期的工作经历（同理心）。

该弱化的内容如下。

弱化非核心内容，也是突出重要信息的一种方式，例如兴趣爱好、个人陈述、学校奖项等。

当然，身为设计师，爱摄影、爱音乐、爱手工、爱运动，说明你比较有品质，热爱生活；个人陈述做得好，让招聘者对你有个相对立体的了解；学校的奖项，证明你是个上进爱学的好孩子。**但这些只具备参考价值或者只能作为加分项，并不会起到决定性的作用。**

所以，优先级没有那么高，放在相对靠后的位置。

不用放的内容如下。

由于简历上展示空间有限，因此跟应聘岗位关联性不大，或者不能辅助招聘人员做出判断的信息，可直接舍弃（学会做减法）。

比如：家庭住址、是不是党员（虽然我也是党员，而且很爱国，哈哈哈）、身高、体重、参加过的社团、职业技能百分比（PS 技能 90%，AI 技能 60%……没啥意义啊）等。

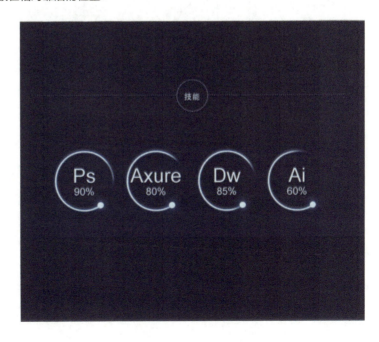

还有人问，大牙，简历里要不要放自己的头像？我的建议是，长得好看的可以放，但是最好别放浮夸、非主流葬爱家族的那种艺术写真照。

2. 形式易读

合适的展示形式，能够让招聘人员高效，且按照你预期的版式去浏览简历。不会出现间距问题、字体不一致或乱码的问题。**建议采用 PDF 格式，在跨平台预览的时候能够尽可能地保持统一体验。**

由于你的简历除了用人部门的设计师看，HR 也会看（简历的用户群体），所以就算你作品集上有，还是需要单独准备一份儿。**简历内容，尽可能承载在一张 A4 纸内**，方便后续面试时 HR 打印出来（使用场景）。

另外，简历的排版尽量简洁直观，不要过度包装（谨慎使用非常规的字体和反人类的布局方式），有才华的你可以先忍忍，在作品集里再充分展示你创新的设计能力吧。

苏大牙_UI设计师

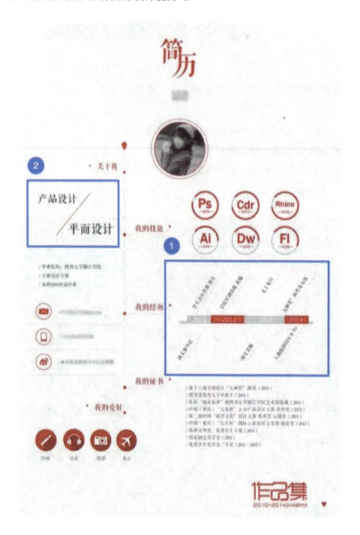

左图是我在网上找的一张比较有代表性的简历，它有两处需要注意的：1. 这个角度摆放字体，是想让每个招聘人员，百忙之中歪着脑袋去看你的工作经历吗？而且，上下的文字从属关系也不明确，该怎么读？2. 这个区域的内容有这么重要吗？放那么大。你换角度想一下，既然投了那个岗位，招聘单位能不知道你应聘什么职位吗？

所以，不要为了创新，而做创新。不要为了好看，而伤害体验。

TIPS

简历像做产品一样需要不断优化的过程，面试完一家公司可能会刷新你的认知，发现简历有不足之处；或者针对不同公司可以进行修改个别内容的侧重点。

作品集

作品集，对于设计师来说，重要程度不用多说。就算你再能说，拿不出像样的作品，也白搭。

在做作品集时，有几个方面需要注意：（1）项目优先；（2）放大优点；（3）宁缺毋滥；（4）形式易读。

- 项目优先
- 放大优点
- 宁缺毋滥
- 形式易读

1. 项目优先

对于作品集来说，能够体现你设计能力的作品优先级是：**项目作品 > 概念设计 > 临摹作品。**

项目作品，是最能体现你综合能力的。 它体现了你发现问题和解决问题的能力，同时线上的产品，又有客观衡量标准。

在项目作品展示时，不要只放一些包装后的效果图，这种门槛儿较低。 因为这些，套用个模板、留个白、放大些字、配合英文、搞个渐变等，效果都差不了多少。所以，你也很难跟别的设计师拉开差距。

如果你想让自己的作品更完善、更专业，还能体现自己业务能力的话，作品集里应该能够表达出：**项目背景、产品需求、设计目标（是什么）；竞品分析、用户研究、行业分析（为什么）；承担责任、设计难点、如何取舍（怎么做）；用户反馈、数据反馈、行业反馈（结果呢）。**

是什么	为什么	怎么做	结果呢
项目背景	竞品分析	承担责任	用户反馈
产品需求	用户研究	设计难点	数据反馈
设计目标	行业分析	如何取舍	行业反馈

通过这些能够看出你对项目的参与程度、了解程度、思维方式、客观反馈。

比如，"设计难点"这项，是指能够清晰地阐述项目进行中所面临的困难，如推进问题、沟通问题、设计的平衡、资源紧缺、时间节点等。

同时，再说出你如何做出解决方案，怎样确定取舍标准，这样才能体现优秀设计师的综合能力，不比单放几张图更酷吗。

当然还有人会说，可我刚毕业确实没有项目经验，也没有工作经历，大牙，我该怎么办？

我的建议是你可以做一些线上产品的 redesign，同时对其进行调研、竞品分析、设计优化。其实你所做的这一切，都是**为了给招聘公司充分证明，虽然没有成熟的项目经验，但是自己还是很厉害的。**

TIPS

在职的同学，建议大家首先要把自己所负责的项目做得比较出色，业余时间再搞概念设计。不要沉迷于概念稿，没有束缚，只是为了做出酷炫的效果，因为，设计的本质是解决问题。

2. 放大优点

找工作时，**最重要的就是寻找市场缺口，和学会扬长避短**。如果你已经明确了目标公司，要做的就是放大自己的优势，让对方看上你。

比如，目标公司招聘的是运营设计师，而你正好擅长手绘，和技能软件运用，同时，你曾经还在强运营（电商类、广告类）的公司待过，那么你的作品集应该着重强调这一块儿。

再比如，目标公司招聘的是 5 年以上的资深 UI 设计师。**而你的优势正好是：主导过项目、带过设计师、沉淀过方法论、在行业有一定知名度。那么，这些才是你作品集的重点。**而不是单纯地放一些过度包装的美美的英文界面效果图。

说白了就是**考虑对方诉求，明确自己优势，然后对症下药。**

3. 宁缺毋滥

很多同学问，作品集里放多少作品合适？我建议一般放 3~5 个比较系统的作品就可以。

作品集可以分为以下几个模块：**线上产品项目（体现业务能力）、概念设计 / redesign（体现创新能力）、运营设计（体现视觉表现力）、其他（体现综合能力）。**

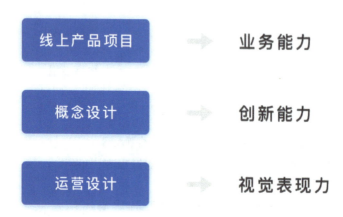

不要为了凑数而硬塞，每一个作品都应该能够证明你某方面的能力，而且是你自己认可并能解释清楚的。不然面试时别人一提问，你就不知所措，只会给自己挖坑。

4. 形式易读

千万不要用长图！千万不要用长图！千万不要用长图！一张几千上万像素的长图来展示自己的所有作品，对方要放大！放大！再放大！才能看清楚，大家都很忙，没有人愿意这么看你的作品。

不要用PPT！打开速度太慢，而且很少有人耐心全屏去看。很可能打开之后，在不合适的比例下，快速预览，就完事儿了。

最好用PDF，原因跟上部分"简历"内容说的一样，PDF在跨平台预览的时候能尽可能地保持统一体验，而且，**你可以把作品集有节奏地分出不同的模块，同时保证作品的图片质量。**

如果你有传到设计网站上的作品，同时下面有很多正面的评价，那当然更好，因为来自第三方的认可，会显得更客观。

TIPS

作品链接可以放在简历的顶部，最好单击一下就可以直接跳转至网页。

总结

总的来说，你需要把简历和作品集，当成能够体现你产品思维的作品来对待。所以，**应该清楚对方诉求，预判对方浏览场景，恰到好处地展示自己的优势，且节约对方时间。**

努力做到让对方打开时，有欲望持续浏览；中间环节，给人眼前一亮；最后，让人记住并渴望与你取得联系。

希望这篇文章，能够在你做简历时，提供帮助。

胡文语
53KF 产品设计 BU 合伙人

曾服务于松霖、华帝等企业,获得国内外多项设计奖项。个人微信公共号:int-PD(产品 D),UI 中国:Wiiii。

设计完全手册——表单

表单设计可以说是设计界一个老生常谈的话题,针对它的重要性自不必多言。本文是笔者结合自身经验和所看所学所得的总结。从"因子(构成要件)"的角度,将表单逐一拆分,从而能够全面地看待。

如下图所示,大卸八块,一一道来。

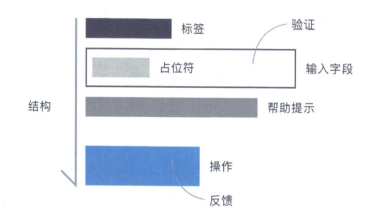

结构 Structure

结构包括了字段的顺序、节奏、外观和组织。

1. 只问所需

必要而不是全部,简化表单,或许是优化表单的最大建议。简化的办法之一就是追溯每个字段为什么需要,是否是当前最相关的信息,如果它是可选的,最好不要显示。

2. 有理排序

先问什么,再问什么,前后字段根据相关性循序渐进。

3. 从易到难

从用户相对无抵触的信息开始逐渐到隐私的信息,而不是一开始就让用户萌生退意。

4. 组织相关

在字段繁多的情况下,将相关字段按照顺序进行分类组合,并通过增加一些额外的空间或者标题将它们分成语义组,保障了页面的呼吸畅通和节奏感,从而帮助用户更加轻松地完成表单。

5. 单列呈现

单列，只需眼睛沿着自然的方向从上至下，便于用户理解操作。多列，眼睛需要按照"之"字形进行浏览，从而增加浏览和理解认知的时间。当然单列呈现还是多列呈现，并非绝对，需根据页面空间、表单内容及性质共同决定。

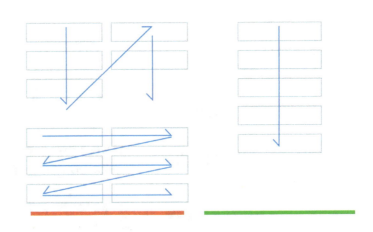

6. 提高对比度

提高颜色的对比度，增加辨识度。

标签 label

标签的作用是告诉用户需要输入什么。

1. 名词标签

名词具有很好的描述性且简洁明了。常用的字段可以使用大家熟悉的图标代替文本。

2. 标签位置

方式有顶部对齐、左对齐、右对齐、内联标签、图标标签和浮动标签。

	占用空间	完成速度
左对齐	需要更多的横向空间	因标签长短不同，右边边缘不一致，与输入字段关联性弱，导致完成速度最慢；适用于重要敏感数据
右对齐	需要更多的横向空间	因标签长短不同，左边边缘呈锯齿状，但标签和输入字段距离一致，完成速度介于左对齐和顶部对齐之间
顶部对齐	需要更多的竖向空间	符合自然视线，完成速度最快；好布局，适合不同长短的标签

在多数情况下，请谨慎使用内联标签，因为在用户输入后，内联标签会消失，用户无法判断输入的内容是否相符，当然在用户熟悉且简单的字段下可采用（例如登录中只有账号和密码）。针对以上问题，可以采用内联浮动标签解决内联标签在输入后标签消失的弊端。

输入字段 Input

输入字段用于承载用户输入的区域。

1. 自动对焦（PC 端）

进入表单页面，自动对焦第一个输入字段可以引导用户开始进行输入。

2. 提供默认值

可根据已知信息，帮助用户预判内容。例如可以通过 IP 检测出用户的地理位置。

3. 保存输入的数据

记住用户已经填写的内容，以防万一（例如页面刷新），从而避免用户需要再次输入而放弃。

4. 字段约束

为有要求的字段设置限制。例如，最大字符数、电话中数字、字母符号等要求，从而有效地避免"脏"数据。

5. 格式化（掩码）输入

提供输入格式，帮助用户理解所填内容且减少错误发生。常用于手机号码、日期、银行卡和邮编等。

6. 匹配键盘（移动端）

提供合适的键盘，帮助用户快速完成。

7. 区分可填

如上所述，尽量避免可填字段。如果不可避免，应该做明确区分。

常规做法：必填，使用"*"符；可填，使用"（选填）"。

占位符 Placeholder

标签的额外描述，帮助用户了解可输入的数据类型和格式提示。

1. 颜色区分

这是内容提示，而不是内容。

2. 不是所有输入框都需要占位符

占位符是对输入内容有特殊要求的提示或提醒，也可理解为对标签的补充，并不是所有的输入框都需要占位符。

3. 输入后消失

不要在鼠标键入后消失，而是在输入内容后消失，这样可以在用户还未输入的时候，依然帮助到用户。

如果提示特别复杂或者十分重要，请使用帮助，它会一直显示在那里。

帮助提示 Tips

帮助提示的作用是说明要求,解释原因,甚至帮助回忆。

1. 三种方式

有常驻、按需提供、偶尔需要三种方式。

常 驻	一直显示。例如密码要求
按需提供	针对部分用户的低频需求。例如名称解释,鼠标悬停在帮助图标上才显示说明
偶尔需要	当需要时才提供。例如报错提示;当键入输入框时才显示要求,从而简化页面等

2. 给予解释

当需要用户填写相对隐私的信息时,请给予解释这么做的原因及目的。

操作 Submit

操作是指对当前用户输入数据的提交等动作。

1. 区分主次

主操作,是我们期望用户的使用途径,应该在视觉上与次操作做出明显的区分,以凸显号召用户点击。

2. 合理放置

合理放置操作的位置,可根据表单的排列方式合理摆放,避免居中。例如表单采用的是顶部对齐,你可以将操作与输入字段左对齐,这样用户在完成输入的时候,可以轻松地看到操作按钮。

3. 准确命名

清晰可预测。应该准确地描述用户点击按钮后会发生什么。

4. 行动号召

应始终带有强烈的动词，鼓励用户行动。

为了给用户提供足够的上下文，在按钮上使用 ｛动词｝ + ｛名词｝格式，保存、关闭、取消或确定等常用操作除外。

5. 禁用操作

在未完成必填字段时，禁用操作按钮，通过直观的视觉告诉用户是否完成了要求，并在恰当的时刻（表单填写完成，按钮被激活）将用户的视线吸引到按钮上。

验证 Required

验证是指对用户输入数据的验证反馈。

1. 前端验证和后端验证

前端验证不需要服务器上传验证的数据就可以判断，例如手机格式等；但是要记住在用户输入后才进行验证，为空不验证。

后端验证，例如手机注册输入校验码，通过后才注册成功，需要通过服务器判断，才知道用户输入的是否正确。

2. 错在哪里，显示在哪里

就近原则，方便用户发现并修改操作。

3. 结合颜色、图标和文字

我们不仅仅需要视觉上的区别（请考虑色盲用户），还需要文字说明并告知原因和解决办法，而不是简单的"输入错误"。

4. 请勿清除

错误的字段，请勿在键入后直接清除，请给用户在此基础上修改的机会，记住用户才是决定者。

反馈 Feedback

对用户行为的反馈，告知当前状态。

1. 操作前：光标状态

鼠标在屏幕上的映射，我们称为光标（指针），它会随着操作对象及系统状态而呈现出不同形状，让用户对操作的行为及结果有预先的心里感知。

被你忽略的交互——鼠标指针。

2. 操作中：操作反馈

如 Default、Hover、Active、Focus、Selected、Disabled 等。例如输入框的悬停和键入的视觉反馈，从而帮助用户聚焦。

3. 操作后：按钮加载

呈现按钮的加载过程，不能是禁止不动的，因为用户会以为系统没有执行操作，从而进行多次点击，呈现加载并禁止用户的后续点击操作。

总结

以上便是对表单设计的一些总结，更多的是提供一种分析问题的框架，从结构化的思维分析设计问题，从而能够全面地认识一个事物并进行了解掌握。

设计完全手册——表格

表格应用

表格，是一种常见的信息组织整理手段，常用于信息收集（展示）、数据分析、归纳整理等活动，在互联网产品应用中，非常适用于以下情况。

1. 需要组织和展示大量信息数据

表格结构简单，分隔归纳明确，特别适合组织和展示大量的信息内容，且易于用户浏览和获取信息。

2. 当信息数据需要进行多种复杂操作时

需要对信息进行排序、搜索、筛选、分页、自定义选项等操作。

3. 信息上下间的对比

表格的归纳与分类，使信息之间易于对比，便于用户快速查询其中的差异与变化、关联和区别。

表格组成要素

表格的基本组成：标题 + 表头 + 单元格标题；

标题：表格信息内容的整体概括；

表头：表格信息的属性分类或基本概括；

单元格：具体信息内容的填充区域。

优秀表格设计技巧

1. 行与列

表格的组成，就是行与列的组合，行与列的变化，赋予了表格多样性的特点。

行与列构成了单元格的长与高，不同的长高会有疏密之分，充实与透气之感。

根据目的及信息主体的不同，可通过行与列的显隐变化，来更好地满足信息的传达。

上图中表格隐藏了纵向的线，更加强调行的特性，使横向信息更加连续通畅，而不强调纵向上下信息之间的对比。

左图中表格显现纵向的线，使上下行之间的信息增加了对比性。

2. 对齐，高效的信息获取方式

表格内的信息通过对齐，会更加规范易理解，给用户视觉上的统一感，且视线流动顺畅，能够让人快速地捕捉到所要的内容。

- 文本信息左对齐，符合现代人的阅读习惯——从左到右；
- 数据信息右对齐，更加方便数字大小的直观对比；
- 固定内容居中对齐，更好地呈现信息及节省表格空间；
- 表头与信息内容对齐方式一致，以达到简化目的，降低视觉噪声。

数字的字体使用，采用的字体必须保证每个数字的宽度空间是一样的，这样的台对齐，才能更好地进行上下数字的对比。

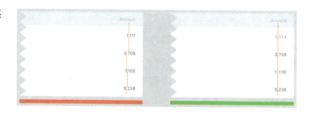

3. 减少视觉噪声，有效传达为本

信息内容的有效传达是表格的服务本质，就表格本身而言应该是隐形的，减少用户注意力，在保证整体结构的基础上，尽量减少或削弱所谓的视觉装饰。

4. 精简表头，专业术语给予解释

表头在能够概括的情况下，尽量简练、准确，一般可根据上下文关系来进行简化，以达到节省表格头部空间和减轻视觉压力的作用。

同样，对于专业术语或用户不常见的名词应给予一定的帮助说明。

5. 减少计算，为用户多想一步

根据当前数据，并在历史数据的基础上给出差值、总计等处理性的结果，可以直达用户所需即获取信息的目标，从而减少用户心算或者线下处理的麻烦。一般在数据对比中较常用到，通过比较当前数据和历史数据，来获得更多的直观信息，例如股票的数据变化、音乐排行榜排名变化等。

6. 空白数据，由"-"填充

表格中经常会出现空数据或无数据的情况，留白处理会给用户造成一定的困惑和误解，是系统没有加载出来吗？明智的做法，是用"-"来填充显示。

7. 视觉层级

可通过背景、放大、颜色等处理，应用 ICON 图标，可使重要信息突出，将不同功能模块区分（例如：表头与信息内容）、活跃表格氛围、增加视觉层次感等效果。

表格的操作交互

1. 操作

对表格操作大体可分为显性操作和隐性操作。显性操作，指操作选项显示在行内，直观明显。

隐性操作，当鼠标悬停或勾选时才显示操作选项，使界面简洁明快，可减轻空间压力，减少干扰。

2. 排序，让信息有序起来

可以让无序信息内容进行有序排列，排序分为升序和降序，一般用在数据、时间、数量上。

3. 搜索和筛选，查找更方便

在大量的表格信息中，一一查找犹如大海捞针，但通过关键字搜索和条件筛选，则能够帮助用户快速地找到所需要的信息内容。

4. 固定表头，一目了然

当阅读丰富且繁多的表格时，由于屏幕有限，用户不得不拖动横向或纵向滚动条来阅读信息，所以，固定表头能够让用户明白当前单元格内信息的属性，而不至于不知道该信息的意思；固定表头，也是一种界面友好性的体现。

5. 分页固定

若表格是分页处理的，分页会放在上部、下部或上下部均有，分页固定省去了用户需要翻到顶部或底部进行操作的麻烦。

6. 全选操作，效率加倍

若表格是分页的，在某些情况下全选则需要考虑分为单页全选和整表全选，瀑布流式的加载就不需要做区分了。

7. 操作即反馈

当鼠标指针悬停在表格列或行时，给予变化提示，特别在信息列数较多的情况下更为重要，能够让人捕捉到所在的位置，而不至于视觉上的错行，能够降低人的心理压力和增加掌控感。

8. 调整列宽度，查看完整数据

允许调整列的宽度来查看更加完整的缩略数据。被截断的数据，默认支持鼠标悬停时显示完整数据。

9. 水平滚动，固定首尾列

呈现大型数据集时，水平滚动是不可避免的，通过横向滚动查看其他数据。将首列进行固定（若包含勾选操作，则一起固定），以便用户将数据与对象进行对应。

若尾列包含列表操作，也将其进行固定，方便用户直接操作。

10. 右侧抽屉，更多详情

单击行链接，右侧弹出抽屉显示其他详细信息。

11. 内联操作

允许用户在表格中直接修改数据，而无须到单独的编辑页面。

12. 根据所需提供相应的自定义和设置

服务于企业应用的数据表格，本身信息项目繁多，且需要满足不同行业不同角色的需求，默认表格一般会提供通用的字段指标，然后用户可根据自身所需添加或调整系统所提供的其他字段指标或进行自定义操作，让表格具有弹性化的特征，以满足个性需求。

总结

任何优秀的表格，本质上都以用户所需的角度去设计服务，并有效地传达信息内容。良好的数据表格允许用户对信息进行扫描、分析、比较、过滤、排序和操作，以获取洞察。

设计完全手册 ——内容策略

任何事物的呈现和传达都需要通过一定的媒介，在媒介承载的过程中，均会产生损耗。我们设计的目的之一就是将所传达的内容在媒介承载的过程中让损耗降到最低，呈现出我们想要给受众的东西，且能够被快速察觉、理解和获取（主动及被动的）。

文本作为语言沟通的书面化用语，一直以来承载着大量的信息，也是生活中最常见及熟知的方式。

当前人们拥有快节奏的生活状态、快消的阅读习惯以及分散的注意力，所以需要我们通过设计手段来减少视觉、心理及认知压力，让用户能够快速定位、理解和消化。同样，我们也需要根据目标、任务甚至品牌的诉求，从而更好地服务于主题。

以下是工作中的一些心得和总结，旨在从更多角度去思考和完善，让文本信息能够得到更好的呈现和传达。

前提是做事的先决条件，包括达成目标、了解受众、具体情景这三方面。

目的是做这件事的动力，有满足用户所需，帮助完成工作；简单直接，有效传达；达成一致，统一规范可实施这 3 个作用。

角度是考虑要做的内容。

1. 准确性

（1）秉持文本信息准确明了、简达明意，无歧义

首先要明确所传达的群体对象，尽量避免使用行话，使用"用户"能直接理解的文本信息，当然相应的专业词汇也应给予良好的解释和说明。

案例：我们将"循环次数"更改成"轮播次数"，"循环次数"会让人产生思考（循环一次是播放一次还是两次的），而"轮播次数"就显得更加直观明了且更符合上下文的语境。

（2）用词完整、阐述直接

用词完整，例如保存更改，而不是简化为保存；阐述直接，避免模棱两可，模糊不清。

（3）内容传达上应做的良好的"自解释"

例如：涉及操作事件的文本命名应根据上下文准确地进行表达，而不能含糊其辞，使文本能够准确地解释和表达将要发生的事件及行为。

（4）寻找更加合适的表达方式

例如：未输入提示："XXX 不能为空" 和 "请输入 XXX"，第一个在表达上其实有一些责怪意思，而第二个表达同样说明了意思，但在口吻上却更加温和，并告诉用户应该怎样操作和行动。

（5）避免错别字

错别字只会拉低产品的品质和用户内心的形象，请务必严格检查。避免把 "登录" 写成 "登陆"。

（6）准确应用标点符号

标点符号能够赋予文字节奏，表达语气以及组织好内容。准确应用标点符号，能够帮助文字更加有效传达和被人理解。

2. 一致性

（1）同一事物用词一致，消除重复

例如，涉及新建的操作，一会儿用 "新建" ，一会儿又用 "新增" "创建" 或者 "添加"；涉及称谓，一会儿用 "你" ，一会儿又用 "您" "我" 或者 "我的" ；涉及帮助，一会儿用 "支持" ，一会儿用 "帮助" 或者 "服务" 等，我们应该消除这些重复，统一用词。

（2）相似场景、意思和语境下句式表述一致

例如，未输入提示，应避免 "请输入XXX" 和 "XXX不能为空" 等不同的表达方式。

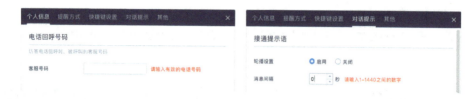

（3）标点符号规范

根据符号使用规范并结合自身产品情况来具体定义。例如：全角和半角，如常见"："和"："，截断省略"…"等。又如：标题、提示文本不加结束符号等。

（4）时间表达规范

时间是一个记录戳，需要根据具体情况进行定义，显示不同的格式。

例如：今天发生的（自 0 时起），显示时分（24h）；今天之前发生的，显示月 - 日（例如 02-12）；跨年，显示年 - 月 - 日（例如 2017-12-30）。

（5）数字使用规范

例如：统计数据统一使用阿拉伯数字。

（6）大小写使用规范

专有名词大小写、单位符号等应用规范。例如：iOS。

（7）中西文混排规范

中英文之间需要加空格等。

（8）代称一致

第一人称"我"，第二人称"你"和"您"，根据具体场景进行使用，同场景统一一下。你和您请不要随意混用或均使用，应当统一。

（9）操作名称与目的页面标题一致

常见于移动端，在 PC 端常见于链接及导航。

3. 易读性

（1）简化内容，避免啰唆

简单而直接，保持措辞简洁，让读者感受到阅读乐趣，引诱他们深入阅读。

（2）打破复杂冗长

通过段落、有序列表（项目编号）、无序列表等方式使内容结构化，便于视觉扫描。

段落：根据句意，进行分段呈现。

无序：当项目相关时使用项目符号列表，但顺序或优先级无关紧要。

有序：当项目顺序或优先级（程序等）重要时，使用编号列表。

结构化：节奏和韵律。例如，电话号码或者银行卡号，使用连字符或空格使其容易被读取和识别。

（3）重要内容突出显示

让用户首先看到最重要的内容，而不是去寻找它们。

（4）经过良好的排版

使用**合理的字体大小**，太小、太大对于屏幕阅读来说都是低效率的。网页端字体大小一般不低于 12px，更加直观易辨（对于多数人而言）的字体大小为 14px 和 16px；移动端字体大小不小于 10pt（sp），12pt、18pt（sp）都是常用的字体选择范围。

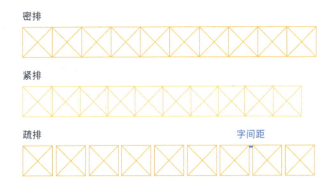

颜色我们需要考虑色彩本身（色相、明度和饱和度）给人的直观感受和文化寓意，以及文本与背景之间是否有足够的**对比度**，从而方便人们可以更加直观舒服地进行阅读。W3C 建议的视觉呈现文本和文本的图像所具有的对比度至少为 4.5:1，大型文字和图像的对比度至少为 3:1，具体详情通过以下网址了解。

https://www.w3.org/TR/UNDERSTANDING-WCAG20/visual-audio-contrast-contrast.html

汉字属于方块字，原则上文字外框彼此紧贴配置，称作密排；在各字之间加入固定量的空白来排列文字，称作疏排；减少字距，使得文字外框一部分重叠，称作紧排。文字排版时，会根据具体情况对**字间距**进行调整。大多时候我们采用疏排方式，增加字间距，以提高易读性。

具有**良好的行距**的文本，更易阅读和引导用户视线。与行之间的空白称为行距，文字尺寸 + 行距 = 行高，行距一般介于文字尺寸的 50%～100% 之间，自然行高的设置一般为文字尺寸的 1.5～2 倍。当文字尺寸较小时，行高设定也会相对较小。行距一般不会超过文字尺寸，因为行距超过文字尺寸并不会增加易读性。

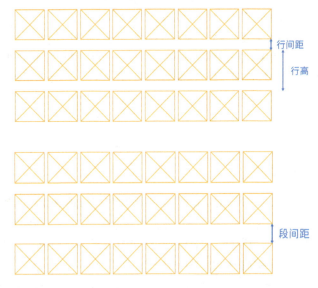

段落与段落之间的距离，段间距大于行间距，段间距一般设置为行间距的 2～3 倍，合适的段间距能够缓解用户的视觉压力，起到很好的节奏及阅读定位作用。

一行的文字数量要适中。一行文本过长，用户需要去移动脖子或视角，易造成眼睛疲惫，阅读困难；此外，在大段文本中找到正确的行也将变得困难。一行文本过短，视线需要不断换行，从而打断读者阅读节奏，造成尴尬的断裂效果；行太短也会造成用户在一行没读完的情况下去关注和阅读下一行。

虽然至今汉字依然没有正统的方法和具体行字数来衡量文本的完美长度，个人经验是，大小为 12px 时每行能放 30 ～ 60 汉字左右（包含标点），具体也要根据内容、人群等约束或变化，当然最重要的是要相信你自己（专业设计师）的眼睛和判断。

词语尽量避免同行断开。例如：行末为"跳"，下行开头为"转"，读起来就有断句的存在感。

选择合适的对齐方式。中文（简体）排版一般遵循左对齐的原则，符合我们从左到右的阅读习惯。文字居中，本身不适合，但可用于许多小段文本块。右对齐在表格设置中，可用于数字的对比等。

符号避头尾。行首遇到不能置于行首的标点符号，必须要移动到前一行行尾。

合理突出重点。对于关键字、要点，通过位置、加粗、比例大小和色彩处理等凸显，以便让用户直接关注到。当然也要控制数量，"重点多就没有重点"，过多也会扰乱和分散用户的注意力。

链接文本需要很好地说明用户将要去何处，可以使用蓝色或者下画线标示出链接的样式，这是用户熟悉的方式。

尽量少用斜体。PC 和无线端的各个官方的中文字体包并没有斜体预设，生拉硬扯的倾斜在一定程度上影响美观度，并造成一定的阅读困难。如果是为了突出或区别文字可以考虑使用着重、大小和颜色等方式凸显。

有对比就有层级关系，可通过大小、字重、色彩、距离、方向、纹理、形状、背景等方式，让整体排版布局更加富有层次结构，让内容的可读性得到明显提升。例如：标题、副标题、引用和内容也是一种**层级处理**（结合了大小、色彩或者距离等）。

合适的**留白**可以更好地烘托内容主题，缓解视觉压力。

数量信息前后有汉字时需加空格。不加空格会出现前后拥挤的视感，另一方面可凸显数字信息。

4. 内容调性

（1）依据产品定位，通过文本表述传递其相应的价值观和情感诉求

任何产品都有其所针对的人群及自身的品牌形象。C 端产品和 B 端产品，儿童产品和成年人产品，所使用的语言表达方式自然也都是不一样的。

（2）依据不同状态和用户群体

根据状态（正面、中性和负面）和用户（新手、中级用户和专家），使用合理的语调及用词规范，以适应不同的情境和状况。

（3）始终坚持积极主动，而不是消极令人沮丧

"请输入内容"与"错误，内容不能为空"，同样的意思却有不同的感受，从积极的一面表达就是传播正能量。

通用产出物

1. 字体

（1）字族

即 Font-Family 属性设置的字体系列。Font-Family 属性设置多个字体作为一种"后背"机制，浏览器不支持第一种字体，它会尝试下一种字体。

如果字体系列的名称超过一个字，它必须用引号，如 Font-Family："宋体"。

对于依附在 PC 端的产品而言，统一字体规范，以保证在不同平台、不同浏览器下保持良好的美观性和易读性。

以下呈现的是 Ant Design 的字体家族。本人在使用了多款字体后，觉得它最好。

font-family: "Chinese Quote", -apple-system, BlinkMacSystemFont, "Segoe UI" "PingFang SC" "Hiragino Sans GB" "Microsoft YaHei" "Helvetica Neue", Helvetica, Arial, sans-serif, "Apple Color Emoji" "Segoe UI Emoji" "Segoe UI Symbol"。

（2）字号

标题、内容、注释说明等不同字号的大小如下所示。

16px	标题	iOS 12 发布
14px	段落内容	在今天凌晨 1 点的 WWDC 大会上，苹果如期为大家带来 iOS 12。
12px	辅助信息	发布时间：2018-06-04 01:25

（3）字间距

根据不同字号及文本数量进行字间距定义。

16px，字间距0，视觉上会有些拥挤

16px，字间距0.8，变得透气了许多，自然读取视线变长了

（4）行高

设置行高，能很好地解决换行上下文本之间拥挤在一起的情况。

12px，字间距0.6，行高为16   14px，字间距0.6，行高为20   16px，字间距0.8，行高为24

（5）对比度

这里主要讲一下对比度的问题，很多产品都忽视了这一点，搞出了所谓的"小清新"。

常规大小文本要求对比度至少 4.5：1，否则阅读起来相当困难

Level AA：常规大小文本要求对比度至少 4.5：1；大号（至少18点或14点的粗体大小）文本至少有3:1的对比度。

Level AAA：常规大小文本要求对比度至少 7：1；大号（至少18点或14点的粗体大小）文本至少有 4.5:1的对比度。

Level AA 最低限度	Level AAA
常规大小文本要求对比度至少 4.5：1 以下部分除外： • 大文本：大号文本以及大文本图像至少有 3:1 的对比度。 • 附属内容：文本或文本图像是未激活的用户界面组件部分，或者只是一个纯粹的装饰，或者对任何人不可见，或者只是包含其他重要可视内容的图片的一部分，此文本或文本图像没有对比度要求。 • 商标：文本作为标志或品牌名称的一部分，没有最低对比度要求。	常规大小文本要求对比度至少 7：1 以下部分除外： • 大文本：大号文本以及大文本图像至少有 4.5:1 的对比度。 • 附属内容：文本或文本图像是未激活的用户界面组件部分，或者只是一个纯粹的装饰，或者对任何人不可见，或者只是包含其他重要可视内容的图片的一部分，此文本或文本图像没有对比度要求。 • 商标：文本作为标志或品牌名称的一部分，没有最低对比度要求。

2. 日期和数字

（1）日期

使用完整数字日期，如：2018-01-02。

正确示例	错误示例
2018-01-02	2018-1-02
2018-01-02	2018 年 1 月 2 号
2018-01-02	二〇一八年一月二号

（2）时间

• 使用 24 小时制，如 13:01:29 。

• 具体到时分秒，如当前对话显示 09:01:02。

• 使用半角 ":"。

• 日期和时间之间包含一个空格，如 2018-09-01 13:01:20。

正确示例	错误示例
13:01:29	下午 01:01:29
13:01:29	13:1:29
13:01:29	13：01：29

（3）数字

使用阿拉伯数字。

正确示例	错误示例
9	九
100	一百

对四位或更多位数的数字使用逗号。

正确示例	错误示例
10,000	10 k
770,445	770445

对手机号码使用前后无空格的连字符"-"。不要使用点、空格等其他符号。

正确示例	错误示例
186-8888-8888	18688888888
400-888-888	400 888 888

数字范围使用前后无空格的连字符"-"。

正确示例	错误示例
1994-2018	1994 - 2018
08:00-09:00	08:00 - 09:00
¥49-99	¥49 - 99

正负数后不加空格。

正确示例	错误示例
-2	- 2

* 备注：数字和字符之间不需要空格

（4）货币

人民币符号（¥）在数字前面，精确到小数点后两位。

正确示例	错误示例
¥50.00	¥50
50.00 元	50.00
¥50.00 CNY	¥50.00CNY
50.00 元	¥50 元
13,000.00 元	13000.00 元

（5）测量单位

存储单位（B、kB、MB、GB、TB），在数量和单位之间包含一个空格。

正确示例	错误示例
512 kB	512kb
1 GB	1GB

对于长度［毫米（mm）、厘米（cm）、分米（dm）、千米（km）、米（m）、微米（μm）、纳米（nm）等］和重量［千克（kg）、克（g）、毫克（mg）、微克（ug）等］等测量单位应为小写（电流单位除外）。在数量和单位之间包含一个空格。

正确示例	错误示例
1 m	1m
1 km	1 KM

屏幕单位［像素（px）、逻辑分辨率（pt、dpi、sp）、英寸（in）等］应为小写。在数量和单位之间包含一个空格。

正确示例	错误示例
500 px	500 PX
50*50 px	50*50px
50 × 50 px	50 × 50px
72 dpi	72DPI

在连续列出尺寸时，将单位放在末尾，而不是在每个数字之后，注意要包括一个空格。

正确示例	错误示例
3 × 4 × 5 cm	3cm × 4cm × 5cm
50 × 50 px	50 px × 50 px

在所有情况下，数字和单位之间包含一个空格。HTML 代码的最小空间是   或  

* 备注：测量单位分为基本单位和导出单位。国际单位制共有 7 个基本单位：

长度：米 m ；

质量：千克（公斤） kg ；

时间：秒 s ；

电流：安［培］A ；

热力学温度：开［尔文］k ；

物质的量：摩［尔］mol ；

发光强度：坎［德拉］cd；

并由物理关系导出的单位称"导出单位"。

3. 标点符号

（1）省略不必要的标点

标题、副标题、输入框下的提示文本、输入框占位符、悬停提示中的文本、Toast、弹窗等短句，在遣词造句时尽量避免标点符号，始终末尾不要使用句点。

（2）有序列表和无序列表

使用冒号引入项目列表，列表后不使用标点。

使用列表来表示步骤、组或信息集。简要介绍列表的上下文。在顺序重要时列出数字列表，比如在描述流程的步骤时。当列表的顺序不重要时，不要使用数字。

正确示例	错误示例
操作步骤：	操作步骤：
1. 第一步	1. 第一步；
2. 第二步	2. 第二步；
3. 第三步	3. 第三步。
我的购物清单：	我的购物清单：
· 饼干	· 饼干；
· 苹果	· 苹果；
· 牛奶	· 牛奶。

（3）常用标点符号规范

空格：链接与前后文本之间增加空格；数字和单位之间包含一个空格；电话号码与前后文本包含一个空格。

省略号"…"：半角省略号。超出截断代替省略文本。

星号"*"：半角星号。表单必填、说明备注。

连接号"-"：半角连接号。前后无空格，如 2018-01-04，2008-2018。

冒号":"：半角冒号。用于时间的表示，如 16:45 。

冒号"："：全角冒号。用于表单。

破折号"——"：中文破折号占两个汉字空间。

书名号"《》"：产品中常用于法律条文。

4. 大小写

（1）专门名词大小写

正确示例	错误示例
iOS 版本	ios 版本
53KF	53kf

（2）文件格式

一般情况上引用文件扩展名类型时，全部大写而不包含句点。

- GIF
- PDF
- HTML
- JPG 格式

引用特定文件时，文件名应该是小写的。

- 内容策略 - 设计完全手册 .pdf
- 皮皮虾 .gif
- 西湖 .jpg
- hot.html

正确示例	错误示例
支持 JPG、PNG、GIF 格式的图片	支持 jpg、png、gif 格式的图片
皮皮虾 .gif	皮皮虾 .GIF

5. 中西文混排

（1）中英文之间需要加空格

正确示例	错误示例
iOS 版本更新	iOS版本更新

（2）中文与数字之间需要加空格

正确示例	错误示例
我花了 3 天时间来修改内容	我花了3天时间来修改内容

（3）中文为主，使用全角符号且与英文或数字之间不加空格

正确示例	错误示例
我买了 iPhone X，黑色的	我买了 iPhone X ，黑色的

6. 代称

为了表达双方的平等，避免使用"您"。使用"你"代称客户/用户，借以表达客户的口吻。在客户/用户为主的情况下使用"我"。避免同一句子中混用"你"和"我"。

正确示例	错误示例
你确定删除该记录吗	您确定删除该记录吗
我已阅读并同意《XXX 条款》	您已阅读并同意《XXX 条款》
我的账户	你的账户

* 备注：对于"您"还是"你"的使用并非绝对，主要看行业以及服务的对象。

在《胜于言传-Web 内容创作与设计的艺术》中作者有以下建议。

当用户提问的时候

- 在问题中使用"我"和"我的"（用户的声音）
- 在答案中使用"你"和"你的"（应用对用户说话）
- 用"我们"和"我们的"代表回答公司

当应用提问的时候

- 在问题中使用"你"和"你的"（应用向用户提问）
- 在答案中使用"我"和"我的"（用户的声音）
- 用"我们"和"我们的"代表回答公司

指导建议

1. 操作行动

（1）按钮

清晰可预测。应该能够预测当点击按钮时会发生什么。

设置	安全设置
激活邮箱账户	激活

　　行动号召。按钮应始终带有强烈的动词，鼓励行动。为了给用户提供足够的上下文，在按钮上使用 ｛动词｝ + ｛名词｝ 格式，保存、关闭、取消或确定等常用操作除外。

　　以下是常用词的含义，要避免不恰当或混淆使用。

确定：对当前信息和事物的明确肯定
确认：系统反馈后，对当前信息和事物进行确认操作，再次确认
保存：对当前设置的东西，进行保存
提交：通知给其他人进行确认。例如提交请假申请
发布：公之于众，向外界传输
完成：某个事情的完结，不再有后续操作
发送：就是使东西从这里到达那里的一种方式
取消：未正式开始，进行停止
撤退：已执行的过程，进行停止
新增 / 创建：从无到有，根据具体语义环境选择
添加：已经存在的东西，从一个池子放到另一个池子
上传 / 下载：相同数据格式上传或下载，例如上传头像、下载图片
导入 / 导出：将输入或输出数据转换为其他格式，例如导出 Excel、HTML
验证码：随机数字或符号生成的一幅图片，图片里加上一些干扰元素（防止 OCR），由用户肉眼识别其中的验证码信息，输入表单提交网站验证，验证成功后才能使用某项功能
校验码：通过短信校验

* 备注：所有用词需结合场景和生活习惯。

（2）链接

使用描述性的链接文本。切勿使用"点击这里"或"这里"作为链接文本。

如果一个链接出现在句子的末尾或逗号之前，不要链接标点符号。

链接使用蓝色，这是用户习以为常的认知，并明确区分点击和未点击的区别。

| 开始我的 内容策略设计完全指南 | 想要了解更多？点击这里 |

2. 文本说明

对操作说明、功能说明、名词（术语）解释、提示信息等进行用户测试，确认用户是否明白其意，这是一个不断优化的过程。

以下是产品内的主要文本。

- 操作文本：按钮
- 导航文本：全局和局部导航、目录、链接
- 说明文本：功能说明、术语解释
- 提示文本：弹框、toasts、操作反馈、系统反馈、通知等
- 操作说明：功能引导说明、操作文档
- 标题和副标题：弹框标题、操作说明标题、法律条款标题等
- 条款：法律条款、申明
- ALT：为图片添加文字说明

3. 句式结构

通用场景下的语句可归纳在一起，形成统一的句式结构，例子如下。

操作反馈：成功直接提示结果，失败显示结果 + 说明原因 + 如何解决。

二次确认：先说明利害，再询问是否操作。

标题：{动词} + {名词} 格式等。

4. 语音和语气

这听起来是谁，什么样的语音和语气能代表我们，我们想传达什么的形象。

因此，你可以制定一套准则，一般而言准则有以下几点。

- 基于产品当前的业务
- 准则可被执行，避免过于空洞
- 易于记忆，3 ~ 5 个尚可
- 随着产品发展和愿景的变化而不断适应改进

例子如下。

- 积极主动

始终坚持积极主动，而不是消极令人沮丧。

- 自信专业

避免听起来傲慢、亲密、孩子气或其他不适当的或非正式的语气。

- 友好尊重

依据不同状态（正面、中性和负面）和用户群体（新手、中级用户和专家），使用合理的语气及用词规范。

5. 写作建议

个人写作过程中的一些小感悟有以下几点。

- 好的结果是不断修改来的，修改的基础是要先写下来，所以先记录而不是停留在脑子里，这才是一切开始的基础。
- 记住用户很忙且没有耐性，甚至不聪明，这会促使你不断地修改调整。
- 找人阅读并呈现结果，并询问其含义和建议。这是检验的最佳实践。
- 过段时间再来看看，或许有更好的方式。

总结

上述说明可能并不完整（内容层面可能包含图片风格、插画图标等），还有很多地方可以补充。重要的是找到适合你的产品，并有意识地去不断优化产品内容，从而更好地服务用户。

设计完全手册——组件

在后台系统中，存在大量的组件，合理应用是做出良好产品的基本功。

本文梳理了常见的"选择"和"输入"，也算是自己长时间在产品设计过程中的梳理、认知和总结。

选择

允许用户从选项中进行选择操作，用于选择对象或数据，偶有直接触发行为。常见类型有以下 6 种。

1. 单选按钮 Radio

允许用户从一组相互排斥的选项中选择一个。通常，将一个选项定义为默认选择。

（1）外观形式

常规的

分段控件（选项卡）的

（2）最佳做法

- 单选按钮总是有多个（>1），且每个选项都直观可见，并在一定情况下需要更多的展示空间。 当只有一个选项或仅仅有两个相互排斥的选项，请考虑单个复选框或切换开关等其他非互斥的选择控件；若当前选项过多，且在有限的屏幕空间下，请考虑使用下拉菜单或列表框。
- 由于互斥原因，所有选项间避免重叠。例如：0 ～ 20 和 20 ～ 40。
- 以某种逻辑关系或顺序（如按时间顺序排列、重要顺序等）对选项进行上下或左右排列。
- 使一个单选选项为默认值，该选项最好是大多数人会选择的或者你希望用户选择的。但在极少数情况下，预选可能会导致不正确假设。例如，涉及性别、政治、宗教信仰等，这些情况下可以不提供默认选项。
- 标签文本应该简明扼要，并提供上下文，以便用户能够快速理解并做出选择。
- 为了可读性，请将单选按钮标签文本保留为单行。
- 不要在选项末尾使用符号。例如，逗号、分号或句号。
- 将单选按钮图标和文本包含在一起，共为点击区域，以便用户操作。

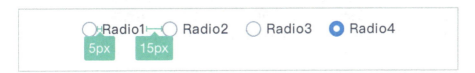

- 将多个单选按钮并排放置时，请通过明显的间距使其容易区分。一般做法是，文本与自身按钮的距离假设为 X，那么该文本与下一个按钮的距离为 ≥ 2X。

- 在用户与单选按钮交互时，请提供良好的视觉反馈，且按钮本身状态提供良好的能供性（默认、悬停、选中和禁用）。

存在多组互斥选项，且互斥选项组之间存在一定关系，该如何处理？

可以考虑将分段控件和常规单选按钮一起使用，因分段控件在视觉上占用更大的面积，且给人感觉在层级上更加置前。

2. 复选框 Checkbox

允许用户从非互斥的选项中，选择任意数量的选项（零个、一个或多个）。单个使用时，复选框提供了两个互斥（二元）的操作选项。

（1）外观形式

常规的

全选操作（未全选状态）的

（2）最佳做法

- 复选框用于表示状态的标记，不会直接导致命令的触发，最终需要和命令按钮（如提交、确定等）操作配合；若是直接触发，请改用切换开关（切换开关并非绝对都是直接触发命令的操作）；若复选选项过多，且在有限的屏幕空间下，请考虑使用复选列表框。

- 如果只有一个复选框，可以根据表单格式选择标签、复选框及文本的各种组合形式；如果有多个复选框，标签将描述整个复选框，而文本则是表述各自的选项。

- 标签文本应该简明扼要，并提供上下文，以便用户能够快速理解并做出选择。

- 标签文本使用正面肯定的措辞，以便用户清楚地知道打开复选框将会发生什么。避免使用否定的表达，例如 "同意条款" 而不是 "不同意条款" 或是 "打开通知" 而不是 "关闭通知" 等。

- 为了可读性，请尽量将复选框标签文本保留为单行。

- 不要在选项末尾使用符号（例如逗号、分号或句号）。

- 将复选框按钮图标和文本包含在一起，共为点击区域，以便用户操作。注意：由于触摸/点击区域不包含标签，因此点击此标签将不会切换复选框状态。

- 将多个复选框并排放置时，请通过明显的间距使其容易区分。一般做法是，文本与自身按钮的距离假设为 X，那么该文本与下一个按钮的距离为大于 2X。
- 在用户与复选框交互时，请提供良好的视觉反馈，且按钮本身提供良好的能供性（默认、悬停、选中、禁用和未全选状态）。

> **讨论：仅有两个互斥的选项（二元）是选择单选按钮还是复选框？**

具体是要看场景和习惯用法。

复选框和单选按钮之间的主要差别是：单选按钮给人更加直接的示意，例如开启关闭，而复选只表达一面信息，因此它的反面信息并不是非常直观的，甚至对于某些用户而言，并不清楚勾选和不勾选所表达的含义。

习惯用法是遵循互联网产品中的一些默认处理方式，例如，注册中的同意条款就是使用复选框。

3. 图标按钮 ICON Button

图标按钮可以说是结合了单选按钮、复选框及命令控件的变形形式，性质上存在互斥（单选）和非互斥（多选）关系。

（1）外观形式

文档编辑（Word 及富文本编辑器）可以说是图标按钮使用的最佳案例，不仅满足多种操作的需求，且节省空间。

排列方式也是图标按钮的常见用法。

（2）最佳做法

- 在用户与图标按钮交互时，请提供良好的视觉反馈，且按钮本身状态提供良好的能供性（默认、悬停、选中和禁用）。
- 请确保图标的含义明确，并配合 tips（提示）给予帮助。

4. 切换开关 Switch

用于打开或关闭二元操作的切换选项。

（1）外观形式

常规的

带文本或图标的

（2）最佳做法

- 左 / 灰为关，右 / 彩为开。
- 切换开关可包括文本或图标，例如"开 /on"和"关 /off"标签，但不建议标签过长，如果标签太长请考虑使用其他互斥的选择控件。
- 切换状态中请使用微动画进行过渡，而不是生硬地呈现。
- 在用户与切换开关交互时，请提供良好的视觉反馈，且切换开关本身提供良好的能供性（关闭、开启、禁用）。

> **讨论：切换开关在用户更改后立即触发命令执行？**

此说法并非绝对。

在 B 端产品及某些重要情况下，触发开关操作依然需要用户再次确定才会真正触发执行。

5. 穿梭框 / 列表构造器 Transfer

在同一页面上显示"源"列表和"目的"列表，通过使用按钮或拖曳，直观地在两栏之间移动元素，完成选择行为。

（1）外观形式

常规的

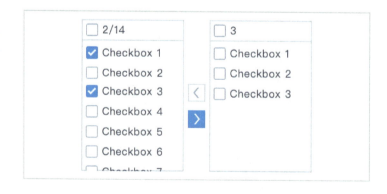

带搜索的，在操作者对选项比较熟知的情况下（例如，公司员工），搜索可以快速查找到想要的选项

（2）最佳做法

- 穿梭框是一种复杂、较难认知的一种控件模式，且占用大量的屏幕空间，源选项较少的情况下复选列表框则是一种更为简单的替代方案。但是如果源列表选项过多，又想让被选中的选项更容易被看到，穿梭框则是不错的选择。

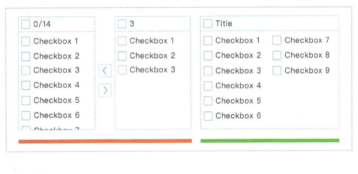

- 对于大量的可选项，从易用性角度考虑，可以按照选项常用程度、重要性、字母等进行排列或提供搜索（实时搜索），从而便于用户进行快速选择。

- 列表提供全选和多选操作，以便用户能够在列表间移动大量选项。

- 实时显示当前被选中列表／"源"列表的数量比及"目的"列表的数量。

- 若列表框内容大于视窗高度，列表框的高度为：N 列表 +½ 列表。

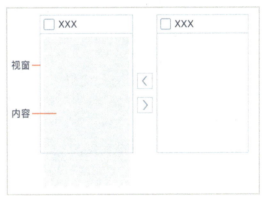

6. 下拉（弹出）菜单 Dropdowns

触发操作（点击或移入触点），会出现一个非模态弹框。允许用户从集合中进行选择或执行相应的命令。下拉菜单将多种集合进行了封装，只有在用户需要的时候才显示出来（按需显示），具有节省页面空间及简化当前页面等优点。

（1）外观形式

常规的

执行命令的，例如系统导航菜单、表格操作等

分类的

级联的

带搜索的

树形（单选、多选）的

多选的

操作（删除、添加等）的

上下文菜单。例如，常见的右键操作及文本选择命令（如剪切、复制和粘贴等）

下拉选择器。适用于颜色、日历（日月年）、日期、时间等内容

（2）最佳做法

- 在较小的空间下，对多个选项进行选择或内容较为次要且不需要一直显示，下拉菜单是不错的选择。若选项较少，请考虑使用单选按钮（当进行单项选择时）或复选框（当进行多项选择时）。
- 下拉菜单选项按照某种逻辑顺序排序。例如，按照重要程度或被选择程度（可能性）进行排列。
- 对于大多数操作，当点击菜单或以外区域，菜单应该收起关闭。如果点击的菜单项是多选操作，则菜单应保持打开状态。
- 禁用菜单项，而不是隐藏，以提高功能的可发现性。
- 与搜索匹配的关键字给予高亮显示。
- 下拉菜单文本保持简明扼要，文本内容限制为单行。
- 请根据具体情况，定义列表项的最小和最大宽度，以适应其内容。超出最大宽度从末尾截断，并添加省略号，鼠标悬停显示全部文本内容。

- 如果没有预先选择，请使用占位符（灰色文本）进行操作提示。例如：请选择。如果需要指出所有项目都适用，例如，作为列表过滤器，请将"全部" 作为选项，并将其放置在列表的开头。

- 若下拉列表内容大于视窗高度，下拉列表的高度为：N 列表 +½ 列表。

- 若需要兼容 IE8，下拉框除了阴影效果（IE8 没有阴影），还要做 1-2PX 的线框描边。

- 上下文菜单的选项根据当前对象或情景进行配置。

- 下拉选择器适用于颜色、日历、日期、时间等内容，若不可输入，请将整个区域作为触发区域。颜色下拉控件应该有允许用户输入的地方，这样用户就可以更加方便直观地输入品牌色或其他需求；对于自定义设置，可提供一部分色卡，这样对于不知如何下手、不知如何搭配颜色的人而言，提供了简单的选择。

关于下拉搜索

下拉搜索有两种情况，下拉单选和下拉多选。

在单选情况下，我们将搜索放在了原有的框体内，流程如下：用户输入关键字 > 实时匹配检索出选项 > 用户点击选项 > 完成操作。

但在多选的情况下，由于是多选操作，我们将搜索框放在下拉菜单内，这样就不影响原有框体承载选项的问题。

但是该模式将控件及用户的交互行为复杂化了。同样我们还需要考虑在该检索的关键字下，会产生用户想要的多个结果吗？

例如添加公司人员，通过关键字的检索，基本是锁定单一人员，所以通过关键字来检索进行多选的概率较低，则可采用如右图所示的方案。

输入

允许用户在应用中输入信息，常见类型有以下三种。

1. 输入框 Input

允许用户输入和编辑文本的区域。

（1）外观形式

单行文本框，用于输入少量的文本。

多行文本，用于输入长字符串，多行文本区域显示。

富文本，允许使用附加的格式、内联图像/链接等文本输入。

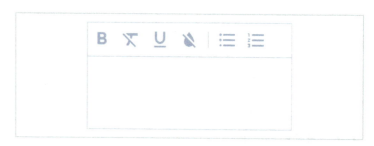

（2）最佳做法

- 容错格式，允许用户输入多种格式，并智能地处理从而满足程序的数据要求。例如电话输入，允许用户输入空格和 -，系统后台自动清理数据以满足格式要求，而不是报错提示。

- 对于简短、固定的单行输入可采用结构化格式，通过潜在的限制使输入的字符数量、类型不易出错，并使用户能够直观地看到输入格式。例如银行卡号、身份证号、时间等信息。

- 掩码，对于重要的私人信息或数据应该给予掩码保护。例如密码、电话及身份证号等信息，也分为全部掩码及部分掩码。对于密码输入可提供"查看"操作，以便用户确认。

- 对于搜索操作的文本框，可提供清空快捷操作，从而方便用户快速更换关键词。

- 标签起到了向用户指示所要输入的内容的作用。输入框的标签，应使用名词或简洁的名词短语，放置在输入框的左边或上边。

- 占位符不可替代标签，占位符会在用户输入字符后消失。占位符的功能是通过一个简短的提示来帮助用户输入数据。提示可以是示例值或对预期格式的简要描述。占位符的颜色使用较浅的色值，以免给人默认值的误导。

• 帮助文字用于提供更多的上下文背景或指导。常见的形式有：默认显示、键入显示、悬停或点击显示。

• 必填，指用户必须填写的内容。在标签末尾显示一个红色的"*"星号，或者使用文本表达，如果整个表单都是必填则无须标识。

若输入区域设置了字符或字数限制，应给予一定的提示说明，当用户输入不规范的字符或超出字数限制时应给予清除。例如计数器，在用户输入每个字符时动态更新。

• 输入验证分为主动验证和被动验证两种。

○ 主动验证在用户输入的过程中就进行了验证。例如只接受数字的输入框，在输入字符或特殊符号时会被主动清除，且给予提示说明，告知用户信息的输入要求或规则。

○ 被动验证在键出（失去焦点）时或命令操作（例如提交）后才进行验证操作。

• 对于错误提示最好的方式是放在控件旁边进行提示，这样用户可快速进行定位更正。关于错误提示文本，应该给予

用户解决问题的方法和指导，而不是仅仅告诉用户发生了错误（例如密码错误，而是提示用户输入 6 位以上字符），且文本在正确详细的情况下保持简短易读，且避免机器用语。上面最后一图是常见错误提示位置。

- 用户与输入框交互时，请提供良好的视觉反馈，且输入框本身状态提供良好的能供性（常规的有：默认、键入和禁用；验证状态的有：提醒、报错和成功）。

- 对于多行文本可根据需求提供改变区域的操作，以显示更多内容。分为手动和自动两种，具体选择需要根据空间布局、内容要求进行抉择，手动给予用户更大的自由度，自动则根据内容实际所需。

  ○ 拖曳控件：只改变高度和高度宽度均可调整两种。在外观和功能上均有区别，请正确使用，请勿混用，以提供符合预期及认知的模式，且设定最大范围。

  ○ 输入框自动增长（根据输入内容进行高度变化），只可改变输入框高度，请设定最大高度。

- 对于输入框请设置合理的内边距。贴合边框的文本会导致视觉读取困难，且给人简陋之感。

2. 步进器 / 微调器 Stepper

以微小的浮动改变数值，步进器包括一个输入区域、增加和减少按钮。

（1）外观形式

（2）最佳做法

- 步进器用于需要微调数值的情况，且输入值有大小范围的限制及字符限制需求。
- 步进器默认始终包含一个值，默认值为一般用户普遍设置的，你希望用户选择的最佳值或较为安全的数值（例如最小值）。
- 允许通过点击增加/减少按钮，键入数字，使用键盘快捷键(上/下,页面上/下)改变数值。

- 为步进器设置最大和最小值。达到最大 / 最小值时，增加 / 减少按钮和上 / 下键盘将被禁用。
- 用户与步进器交互时，请提供良好的视觉反馈。增加 / 减少按钮给予默认、悬停、选中和禁用状态，输入区域给予默认、键入和报错状态。
- 请设置输入区域的字符限制。一般为 0 ~ 9 和 -、+ 字符，若不允许负值，那就只可输入 0 ~ 9。当输入不规范的字符时，清除或显示最小值，输入的值超过最大值则显示为最大值，并提示说明输入范围。

3. 滑块 Slider

从一个范围值中进行滑动选择的控件。通常由一条水平线（水平或垂直）、可移动手柄和标签（有滑块标签、范围标签、值标签）组成。

（1）外观形式

单滑块的，选择单一的值

双滑块的，用于选择值的范围

分段式的，不允许选择任意值，默认贴靠分段的值

垂直和水平的，根据值的特点及页面情况进行合适的布局

图标、数值、文本的

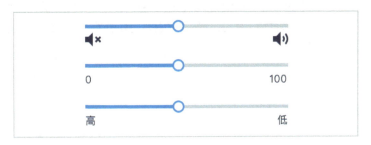

带有输入框的，可输入文本字段，输入数据与滑块同步

（2）最佳做法

- 当用户设置连续值（如音量或亮度）或一系列离散值（如屏幕分辨率设置）时，可使用滑块。

- 滑块是一种有界的选择或输入控件，其范围和选择数值的位置均得到了可视化的呈现。根据具体的使用情景，我们将滑块细分为：单滑块（单值）、双滑块（可选择范围）、分段式滑块（非范围内的任意值）和带输入框滑块（和输入控件保持同步），以及相应的水平或垂直方向。对于书写及阅读习惯是从左向右的人群而言，值的范围一般为左小右大，上大下小。
- 如果不允许滑块选取任意值，请使用分段的步骤点。
- 如果滑块可编辑，当鼠标悬停在手柄上时，手柄高亮显示，并出现手形光标。

- 允许用户使用拖曳和点击改变手柄的位置。
- 在某些情况下，滑块直接充当命令控件，在用户选择时或选择后，操作结果即时生效。 例如音量控件。

- 当滑块上没有其实时显示滑块值的地方时，请使用值标签显示滑块的当前值。

组件的合理使用，是设计师必备的基本功，所谓知其然知其所以然，当面对问题时方能游刃有余。

金晶 Joyking
百度资深视觉设计师

从事互联网行业 10 年 +，专注于企业产品及人工智能方向的体验设计。花火联合创始人。

如何建立完整的视觉自查表

很多人都说视觉感受与个人审美相关，没有对错之分，不好去衡量评价。可能评判艺术作品的好坏确实很难，但是对于以实用价值为基础的设计来说，还是有一定的标准去衡量的。

这里给大家介绍视觉自查表的使用方法，之后如果设计方案被质疑，广大设计师可以带着这个表放心地去自查了。

视觉自查表之所以可以客观全面地评判我们的设计，是因为它是基于产品的商业价值和用户感知价值去建立的。而这两种价值的核心驱动包括：使用价值、体验价值和创新价值。

1. 使用价值

以完成和展现产品的功能为主要目的，注重表意的传递，注重操作的效率，避免设计考虑不周造成的 bug。

具体评判分为 4 个部分：功能体现、识别性、设计规范、通用性。

2. 体验价值

体验价值是产品价值的一种升华，体验价值的评判应该着重关注核心用户的喜好，做到和竞品的体验差异化。

可从 3 个部分去判断：认知、认可、认同。

3. 创新价值

对产品及设计更高层级的要求，是设计的灵魂。但是实现创新价值的前提是必须先满足前两种价值。

详细的视觉自查表请见文末。

通过以上三部分内容的梳理，可以帮助我们完成视觉自查，同时不断自省让设计更加出彩。但是不同的产品，侧重点有所不同，在一些细则上可以根据产品特色去修改成更符合产品要求的。

视觉自查表建立好之后，如何切实运用在工作中呢？

（1）在项目初期可以作为评估设计工期的参考

相信大家都遇到过这种情况，原本估算的项目时间是宽裕的，结果做着做着又多了很多零散的附加需求，结果把时间变得很紧张，更有可能造成项目延期。

视觉自查表不仅仅是一个后置的自我检查表，其中涵盖了设计中所要考虑的各种状态、各种要素。它可以从一开始就能指导我们进行完整的设计工作量预估。

（2）在设计发散阶段作为辅助方案决策的参考

设计方向探索阶段，正是灵感爆棚、天马行空的阶段。对设计师和决策者来说，如何从众多惊艳的方案中挑选正确的方案也是一种挑战。根据自查表中 3 种价值维度的细则去判断，可以帮助设计师理智地选择相对更为成熟的方案，而避免一味追求视觉效果而为之后的实施埋下坑的方案。

（3）设计完成之后的自省

在设计完成之后对照视觉自查表去判断项目完成的情况，检验自我在设计中的不足。既可以避免出现重大设计事故，又可以找到优化的方向。

（4）视觉自查表是不断完善的过程

这 3 个维度涵盖了产品对于视觉品质的要求，但是针对不同类型的产品，自查表需要完善具有针对性的细则。比如一个娱乐类型的产品要突出趣味元素、可玩性等设计指标。这些都可以针对特定类型产品进行不断完善。

相信每次设计完成后的自查可以让设计师的工作越来越严谨，设计越来越出彩。

层级	类别	自查标准细则
使用价值	功能体现	需求方关注的点是什么
		设计风格与产品气质是否相符
		用户是否明白视觉主体内容是什么
	识别性	用户是否能够明白每个元素的意义
		ICON 表意是否与功能相符
		哪些视觉元素是可以去掉或简化的
		页面是否有多个视觉主体

（续表）

层级	类别	自查标准细则
体验价值	设计规范	是否修改了交互？理由是什么
		是否符合栅格化
		视觉是否违反之前的设计规范？理由是什么
		增加了多少条新规范
	通用性	元素最多与最少情况
		多语言切换布局是否合理
		设计是否已经假定排除了某些特质的用户？ 特质包括：性别、信仰、文化程度、专业门槛
	认知	视觉替代交互解决什么问题
		希望界面传达给用户的感受是什么
		动画和过渡效果是如何帮助用户理解设计和优化体验的
	认可	预判用户的心理预期是什么
		你的设计预期是什么
		元素（字、字号、间距、配）是否有明显的群体倾向
	认同	视觉吸引用户的是什么
		用户再次使用时，是否感受相同
		视觉元素是否与使用情境相结合
		是否有情感化元素
		情感化元素是否与用户属性相符
创新价值		不同于竞品的设计是什么？理由是什么
		什么主题或者核心观念贯穿你的设计 怎样让设计更准确地围绕这个核心
		设计是否有趣味性
		是否满足新的流行趋势
		如果必须从设计里去掉一部分，你会去掉什么

宋新宇
美团交互设计专家

7年交互设计经验，曾获多项设计专利。从事用户体验研究及交互设计工作。擅长用户数据挖掘及分析。花火联合创始人。

五分钟学会画交互原型

交互设计师到底是干什么的？有的说是做动效的，有的说是画线框的，有的说是做控件的。

大家之所以会有这样的认识，多数情况下是和交互同学接触的比较少，缺少沟通。大家看到的只是交互工作的表象，是部分产出物，没有看到交互设计背后的思考过程。

说到什么是交互设计师，我们先来看一下什么是"交互"，交互是指"交流""互动"，更多的是产品与使用者之间的互动过程。而交互设计师更像是前端产品经理，更多地站在用户的角度思考问题，秉承着以用户为中心的设计理念，以用户体验度量为原则，对交互过程进行研究并开发设计的工作人员，在这个过程中更好地平衡用户与业务诉求。

那么如何进行交互设计，这中间有没有套路呢？其实整个交互设计过程可以分成4个阶段：需求分析、搭建框架、原型绘制和原型走查。

阶段一：需求分析

1. 需求来源主要有两大渠道

（1）上游下发的需求（高层领导直接拍下的需求，产品经理下发的需求）

在做设计的时候，相信很多人都遇到过领导直接甩过来需求的经历，领导之所以能称为领导，那必定有一定的过人之处，领导往往有敏锐的嗅觉。所以当领导提需求的时候，我们要主动从领导提的需求的战略层思考，了解定位的用户群和市场，然后根据沟通后得到的项目目标去设定设计目标。

（2）交互设计师主动推动的产品

交互设计师推动的需求来源一般会有以下几方面。

- 收集的用户反馈

对于用户直接反馈过来的需求，我们要去甄选，判断哪些是真正的诉求，哪些是伪需求，明确用户真正的目的是什么，而不能把用户当作设计师。

- 数据推导发现的问题

数据是贯穿整个设计周期的，通过数据可以发现产品存在的问题点。找到问题点之后再去深究和探索，为什么存在这个问题？然后再去寻求解决方案。

- 专家走查发现的问题

这个是随时随地的，我们是设计师，也是专家用户，在日常工作过程中，我们要注意收集问题点，罗列出来。然后根据 Kano 模型对需求列表进行优先级划分。

2. 需求整理

拿到需求之后，我们就要从产品的战略层考虑，即**产品目标**和**用户需求**。

（1）产品目标

我们要清楚产品需求背后的目标是什么。是想增加活跃度、增加黏性，还是解决用户的某个痛点？要达到这些目标的话，我们需要在页面上呈现哪些内容和操作。

（2）用户需求

站在用户的角度挖掘用户背后的痛点也是需要重点考虑的，挖掘时我们可以先将用户分类，因为不同的人群面对相同的需求解决方法是不同的。常见的用户类群划分方法可以从用户的使用经验上进行划分：新手用户、中间用户、专家用户。大多数用户既非新手，也不是专家，而是中间用户。大多数的产品用户人群都是遵循着经典的正态分布曲线的，处于曲线左边的新手用户和位于曲线右侧的专家用户都是相对较少的，而大部分用户都是位于曲线中间的中间型用户。

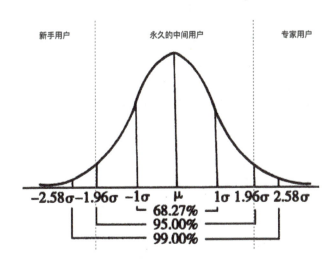

在设计过程中我们既不是吸引新手用户，也不是将中间用户引导成专家层。我们的主要目标是使大部分中间用户在使用时感到愉快，同时也必须满足新手用户和专家用户的需求。这就需要我们深入研究用户的真正需求，同时对用户的诉求进行研究。可通过人种学调研、情景调查等方法为用户建模，创建人物角色和用户目标，对用户痛点进行分析，最终形成用户画像。

阶段二：搭建框架

搭建框架阶段需要我们具备全局视角，统筹大局。在确认需求后，我们需要对范围层有一个分析，一般会从产品定位和竞品分析两个角度权衡。

说到结构框架，通常我们会根据 App 的定位不同，从三个角度搭建框架：信息、行为、场景。如购物类的 App 包含了大量的信息内容，可以从**信息角度**进行分类搭建框架。而工具类的 App 主要帮助用户完成任务，就可以从**操作行为**的角度进行分类搭建。而一些 App 的使用受场景影响比较大，则可以通过**场景归类**的方法搭建框架。

需求分析和框架搭建是绘制原型的先决条件，这直接决定交互稿是否经得起推敲。但这个过程费时费力，产出物较少，所以一些团队为了追求效率，经常将这部分工作省略掉。但是没有前期的研究直接绘制线框图，则体现不出交互的价值，有可能最终沦为"线框仔"。

1. 信息角度

（1）提取需要呈现的信息元素

核心使用场景：购买决策，用户的认知路径是吸引—了解—信任—购买，这个过程中用户最关注的信息是什么？

次要使用场景一：发表和交流观点，用户会通过评价去判断这个产品的好坏。

次要使用场景二：闲暇时寻找合适内容，用户看完这个产品的所有信息并没有最终决定购买，那用户逛的诉求就比较强烈一些，所以这个时候会给用户推荐一些其他的商品。

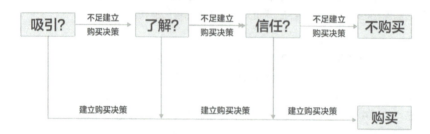

（2）寻找信息聚合的维度

场景特点：核心用户场景单一，用户获取信息的心里路径一致性较高，获取信息的路径较长，需要顺序浏览大量的数据。

聚合维度包括：核心场景的用户心理路径和其他场景的核心目标。

2. 操作行为

工具类的 App 一般更注重操作行为和路径，当然在大的路径过程中仍然需要注重信息布局。例如购票类的 App，首先要明确架构层的主任务。

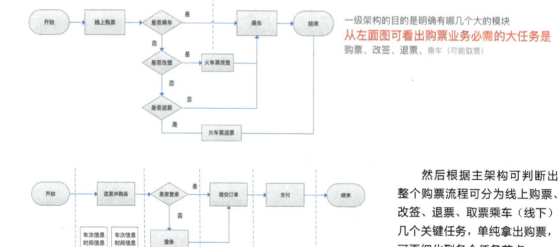

一级架构的目的是明确有哪几个大的模块
从左面图可看出购票业务必需的大任务是
购票、改签、退票、乘车（可能取票）

然后根据主架构可判断出整个购票流程可分为线上购票、改签、退票、取票乘车（线下）几个关键任务，单纯拿出购票，可再细化到各个任务节点。

根据每个节点可能涉及的内容进行提取，可得出各个节点的关键信息。

3. 场景归类

场景搭建的目的是为了：确保聚焦在核心场景、核心场景从全量场景中获得，确保没有场景遗失，确保场景真实、信息丰富。

场景搭建的步骤如下。

拆分场景要素—组合全量场景—初判主要场景。

阶段三：原型绘制

原型绘制过程基本是在前期的框架基础之上进行的。我们需要定义清楚框架中的每个页面，所以页面如何绘制便是重中之重。绘制之前要知道页面的基本组成三要素：页面标题、页面核心内容和操作。

1. 页面标题

标题名称，具有描述页面的主要作用，确认标题的时候要依据页面的主要目标来定，如用户来这个界面的主要目标是登录，那标题就应该是"登录"。

2. 页面核心内容

可根据用户心智模型进行推导，这个模块主要展现的是核心的内容和字段，比如登录界面的账号、密码（找回密码、注册）、第三方登录。

3. 操作

操作一般是与主任务非常相关的操作，如登录界面，操作就与目标完全一致，操作按钮即"登录"。

页面三要素

页面再进行细拆，自上而下可分为：状态栏、标题（导航）栏、内容区、标签栏，这几个部分。页面的内容区域由信息和操作行为构成。所以绘制原型页面的基础就是如何布局摆放信息及操作按钮。

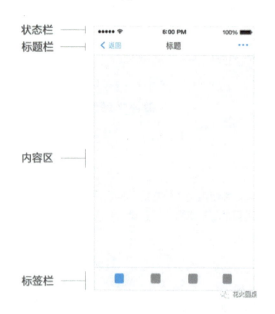
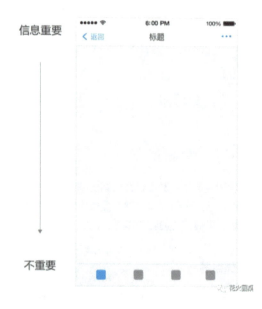

　　放置信息时，因为考虑到信息应该及时有效地传达，所以我们从用户的浏览习惯入手。按照用户自上而下、从左往右浏览的习惯，我们一般将重要的信息放置在页面的顶部，不重要的信息放置在底部（重要的信息是指影响用户做决策的信息）。

　　放置操作按钮时，考虑到用户操作的便捷性，所以从人机工程学角度入手。按照移动端用户操作的数据进行分析得出结论，高频的操作需要放置在舒适操作区域（绿色为舒适区，红色为困难区）。

49%单手操作　　　　36%一手持握一手操作　　　　15%双手操作

(A)

低频操作

↓

高频操作

数据引自 How Do Users Really Hold Mobile Devices

针对单手操作时操作位置分析见左图。

用户在购买前要考虑哪些信息？

图片　价格　评价
商品基本信息　销量
快递
地址　优惠信息

业务方需要展示哪些信息？

商城标签　分享
运费险　折扣信息
　　　　正品保证
退款渠道　品质标签

为了方便大家理解，我们以最常见的购物 App 详情页为例，进行信息和操作的分析。

从信息的角度分析，要确定页面中哪些信息影响用户的购买决策（此处的信息重要程度可由用户调研得出）。同时也要兼顾业务信息、商业价值的展现。

低频操作

↓

高频操作

根据这两点问题我们将必要的信息分成两部分并全部罗列出来，并对信息进行走查校验，补全缺失信息并删除冗余信息。

如何判定页面中的信息是否完整？这需要我们根据用户的类型将信息进行分类。比如这里根据用户研究得出，商品名称、图片、价格信息属于核心用户群体关注的信息，这些信息一旦缺失，将影响大部分用户的购买决策。所以在页面上需要将这部分信息重点呈现。而商品的销量、地址、评价等信息对用户的购买决策起不到决定性作用。所以展示时可以尽量弱化，甚至适当隐藏。另外商业价值的体现，可以在不影响用户的情况下进行巧妙的包装。比如天猫的标签、运费险、退款保障等。

当信息分析完毕后,我们就需要确认用户需要执行什么操作。在购买详情页里,用户可以执行的操作有:放入购物车、购买、分享、收藏、选择优惠券等。基于上面提到的原则——重要且高频的操作应该容易被点按。所以需要将重要且高频的功能按钮放置在"舒适操作"区域,也就是页面的中下部。而低频且不重要的按钮置于页面的右上角。另外,结合"菲茨定律",为了让操作更便捷,也可考虑增加按钮的尺寸。

通过上述布局方法,初级交互设计师基本上能将页面布局得比较合理,剩下的就是将梳理出来的信息和操作,用规范化的控件进行包装即可。但是对于高级设计师来说,这仅是一个开始。后续还需结合用户的使用场景,将信息和操作进行灵活组合变化,来应对场景的变化。这里会涉及更深层的场景分析,本文先不做重点讨论。

阶段四:原型走查

交互原型绘制完毕后,**为了保证原型的准确完善,我们还需要按照专业的方法对自己的原型进行全面的走查。**通常会从三大方向进行走查:场景走查、结构走查、特殊因素走查。

1. 场景走查

(1)明确主场景及完成什么操作

不同的产品、需求对应的用户场景和操作流程是不同的,每次在检查前先明确需求,然后明确用户在哪些主场景下完成什么任务,主场景有什么,操作是哪些。

其次是物理场景有哪些,这些场景下需要考虑什么特殊的设计。

所属范围	场景	举例说明
移动场景	室内、室外、地铁上、公交上、电梯上、厕所、床上…	

如夜间进行扫描可以给用户提供手电筒功能。

（2）按照操作流程及界面内容，从流程到细节逐一梳理

按照要完成的任务梳理一下流程，随手画一下流程图。流程图可以让我们对原型流程有一个整体把控，防止出现逻辑问题。在检查的过程中从具象到细节，先保证主流程没问题，再细化细节问题。

2. 结构走查

结构走查需要从任务架构到任务流程进行走查，走查过程中可回归到现实场景，以便达到完整性。

3. 特殊因素走查

比如在绘制的过程中，是否考虑到网络状态的影响，导致页面加载失败？又或者在一些信息字段长度超出了预期，导致摆放空间不足时如何应对？甚至由于用户自身权限发生变化，原来可用的功能不能使用时怎么处理？

这些因素要求我们在绘制原型中都需要进行逐一的走查，才能让交互原型更加专业和全面。

总结

下面简单总结一下原型绘制的流程。

1. 分析需求，确认真正要做的是什么。

2. 根据 App 的特点搭建框架，把控全局。

3. 基于框架绘制每个页面，以完成交互原型。

4. 走查原型，查漏补缺。

琳琳 linlin

2015年毕业于华南农业大学,从事互联网视觉设计3年。虽然我不是科班出身,但是从小就对设计的热爱让我一直不停地去学习设计理论知识,并在工作中实践和总结。目前站酷网粉丝有3946,发表过2篇文章,其中《浅谈电商banner怎么做》获得第29期站酷文章总榜单第6名和致设计官网首页推荐,《为什么对版式设计你总是没有思路?》获得66期站酷文章总榜单第4名和UI中国的首页推荐。

之前有人问怎样从非设计专业的设计新手成长到专业的设计师,我的回答都是多看,多想,多做。很多道理都是别人说的,自己实践了才知道。Stay hungry,Stay foolish.

为什么对版式设计你总是没有思路

作为一名专业的设计师,版面设计能力是直接影响到该设计师水平的几个方面之一。我们很多设计朋友在临摹的优秀作品中,往往只是被作品华丽的外表吸引了,比较少去思考设计背后的秘密。那么在这里,我总结了版式设计原理的几个方面,结合一些具体例子来实际操作演示,让对这方面不熟悉的设计师朋友们能快速掌握版式设计。

版式组成

我们先来了解一下版式的组成元素——主体、文案、点缀元素和背景。不管是什么样的组合搭配,这些元素最主要的作用是向用户传递信息。

1. 主体

这是视觉焦点,主导着整个设计(主体可以是人、物、图片、文字、图形设计),是整个版面最吸引人的部分,相当于**主角**的作用。因为主体的重要性,主体在整个版面的占比一般在50%左右。

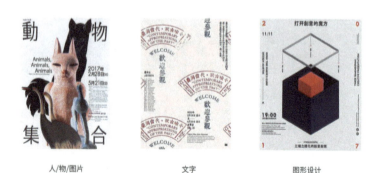

人/物/图片　　　　　文字　　　　　图形设计

2. 文案

文案是对主体的辅助说明或引导。有一千个读者就有一千个哈姆雷特,每个人对同一事物的看法都是不一样的。为了让信息传递更准确,我们需要用文案来辅助。如果主体是主角,那么文案相当于**配角**的作用。

3. 点缀元素

其也作装饰元素，可有可无，具体根据版面需要来添加；好的点缀元素能够渲染气氛，大部分点缀元素遵循三角形原则。如下图所示，云朵的位置呈一个三角形，星球的位置也是一个三角形。点缀元素起到的是**群演**的作用。

4. 背景

有了主体，文案和点缀元素可以表达一个活动或者讲一个故事了，但是只有这些还不够，还需要搭建一个背景给这些元素排版布局，就像拍电影一样有个诉说故事的环境。其可分为纯色、彩色、图片、图形等背景。

纯色背景

图形背景

彩色背景

图片背景

5. 小结

- 主体——视觉焦点，主导着整个设计。
- 文案——对主体的辅助说明或引导。
- 点缀元素——可有可无，遵循三角形原则。
- 背景——可分为纯色/彩色/图片/图形等。

构图平衡

在设计中，平衡是实现统一的一条重要途径。如果上面所说的元素组合起来处于平衡状态，那么这个设计看起来就是统一的，就会给人一种整体印象，而不是混乱的、各元素分离的状态。因此，平衡是视觉传达设计的一个重要方面。前面我们讲了版面的组成元素，那么接下来讲一下这些元素让版面平衡的组合形式。版式平衡总共有 3 种分类，分别是：对称平衡、非对称平衡和整体平衡。

1. 对称平衡

对称是同等同量的平衡，对称式设计是一种静态的、可预见的、讲求条理和平衡布局的设计。对称构图相对比较易于创建，其特点是稳定、庄严、整齐、安宁、沉静和古典。

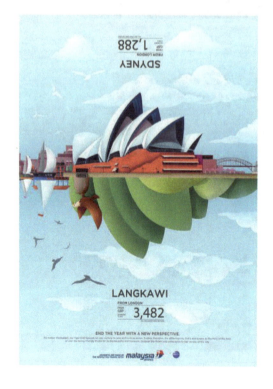

2. 非对称平衡

非对称平衡，即在不对等的元素间创设出秩序和平衡，非对称设计由于版式不可预见，所以空间是变化的，其特点是动态、灵活和富有活力。非对称构图比较多，常见的有以下 6 种形式。

对角线构图

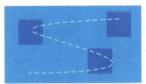
S形构图

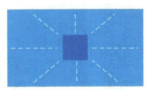
发射状构图

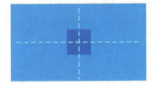
中心构图

二分构图

形状构图

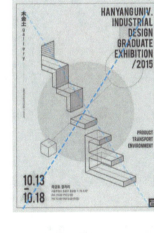

（1）对角线构图

文案摆放在版面的对角线方向，一方面避免了司空见惯的居中版面，一方面给中心主体留出了更多的创作空间；另外，中心的图形也可以是对角线的设计，这样会让整个构图看起来比较平衡。

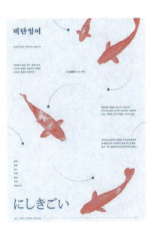
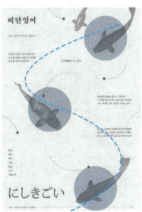

（2）S形构图

文案或者图形摆放在线条转折的地方，整体呈一个 s 形。另外线条的起点和终点也同样是读者容易关注的地方，可以放一些重要信息。这样的构图灵活、有趣，而且可以引导用户沿着 s 形轨迹阅读信息。

（3）发射状构图

点缀元素围绕中心的文案或者图形呈发射状，这会让中心的视觉容易聚焦，视觉冲击感会更强烈。像电商大促活动，淘宝和京东等会经常使用发射状构图来营造大促活动的火爆程度。

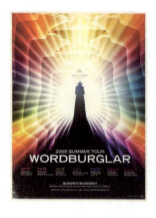

（4）中心构图

这是我们最常见的构图之一，文案和主体居中于页面，需注意的是位于版心的主体设计要尽可能出彩或者有趣，利用设计技巧吸引读者的眼光，这样才能避免平淡乏味。

（5）二分构图

这种构图方式为，文案和主体分开，两者的位置呈左右或者上下的构图形式，需注意的是文案要采用对齐原则。这样的构图也是比较容易创建的（对齐原则后续会讲到）。

（6）形状构图

主体和文案组合的形式可以是圆形、三角形、矩形等形状构图。需注意，如果是用三角形构图，最好呈倒金字塔结构，这样更易引导用户进入下一个信息。

3. 整体平衡（满版平衡）

整体平衡，是指图片充满整个版面，文案布局在上下、左右、中部的位置，特点是主要以图像为诉求，视觉传达直观而强烈，给人大方、舒展的感觉。

注意：在设计的过程中，这种类型的文字处理很容易显得"嘈杂"，因此为了避免拥挤的空间，适当删减些文字。

4. 小结

- 对称平衡——静态的，稳定、庄严、古典。
- 非对称平衡——动态的，灵活和富有活力。
- 满版平衡——图片充满整个画面，直观而强烈。

  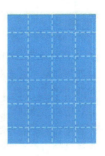

对称平衡　　　　非对称平衡　　　　满版平衡

设计原则

对构图形式了解后，我们还要知道一些基本的设计原则，虽然这些原则我们可以在其他地方看到，但是我在这里还是要强调一遍，在打破规则之前，必须清楚规则是什么。另外还要注意一点就是，这几个原则不是独立分开的，而可以同时考虑和结合，并不是唯一选择。

1. 对比

缺乏对比，作品会变得平淡乏味并且不能有效地传递信息。艾美奖设计师、Blind 公司创始人 Chris Do 说过"Contrast is king（对比至上）"，运用好对比，可以在页面上引导用户的视觉，并且制造焦点。

一般产生对比的方法有：大小对比、粗细对比、冷暖色对比……不管是哪种对比方法，当你期望对比效果有效的话，需要大胆一些，明显一些，不要拿 12 号和 13 号的文字做大小对比，这是没有任何意义的，不要畏畏缩缩，做设计也是如此。

右边的图产品运用了大小对比，让人直观感受到产品的 size，另外文字也运用了大小对比，将主要信息和次要信息区别开来，从而让画面有了层级。

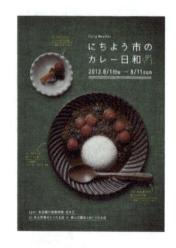

右图的色调运用了冷暖对比，让整个画面变得更立体和更有空间感。旁边危险的环境用冷色调，主角站的位置是大逆光暖色调，代表着希望和正义。

2. 对齐

任何元素都不能在版面上随意安放。每一项都应当与页面上的某个内容存在某种视觉联系。在版面上找到可以对齐的元素，尽管它们可能距离比较远。需要注意的地方是避免同时使用多种对齐方式。

下面左边的海报采用了矩形构图，右边的海报采用了二分构图，但是文案都是找到了一条明确清晰的对齐线，这样让页面产生了秩序美。

3. 亲密性

同类相近，异类相远，相关的元素距离靠近，归组在一起，成为一个视觉单位，而不是多个孤立分散的状态，这样有助于组织信息，减少混乱，让结构变得更清晰。根据文案内容，进行合理的分组、归类，但需要注意分组不宜过多。

下面左边海报的文案分成了4组，清晰、有条理，中心的主体和点缀元素也利用了亲密性原则，使得中心主体更饱满；右边海报的主体采用了发射构图，整体呈倒置的金字塔形式，这样容易引导用户阅读下一层信息。

4. 重复

重复的目的是统一，并增强视觉效果。比如标题都是同一个字体或同样大小、粗细。但需要注意的是，要避免太多地重复一个元素，重复太多只会让人讨厌，要注意重复的"度"。太多的重复会混淆重点，都是重点等于没有重点。一般来说，呈均匀的重复式图案，是作为背景使用的。

在下面左边的海报中，我们的视线会被那个不同的女孩吸引住，这个女孩和左上角的文案相呼应，这种同质中的不同，即是变异元素，用来制作视觉焦点。

右边海报是葛西薰设计师为日本著名设计师仲条正义的个人展设计的海报，其中重复的形象是一个腮帮鼓起的小孩形象，不知道他是在喝东西还是吐东西，这个具有冲击感的形象其实和这次展览主题"饮 & 呕吐"相呼应，设计师想表达仲条正义的创作于人生正如这个重复的形象，不断吸收，不断推翻，最后不断创造。

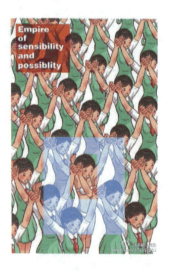 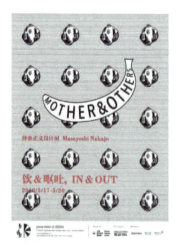

5. 留白

留白是虚实空间对比的作用。适当的留白能让页面透气，有呼吸，给人舒适感。大量视觉信息堆砌时，每个元素都要经过眼睛扫描，大脑处理，当找不到重点的时候用户眼睛和大脑容易疲惫。在内容比较多的情况下，尽量在视觉上减少视觉分组；另外，创作一些巧妙的负空间。

下面左边的海报在留白的同时利用了负空间，巧妙地将海报的主题"美食"和"美酒"结合起来。右边的海报是日本大师原研哉的设计作品，大量的留白让中间的寿司显得更精致，少而静的视觉元素提升了作品的品质感。

6. 变化

一成不变的元素容易乏味无趣，版面也缺乏灵活感，如果将一些元素的位置、大小或者颜色变化一下，打破版面呆板、平淡的格局，使得画面非常有层次感，不失为打破格局的好方法。

看看下面左边的海报，如果将所有的元素归位，这将是一个文案和人物分开中规中矩的构图，当它们的位置发生了一些位移，整个页面变得有趣多了。右边的海报采用了S形构图，页面很生动；如果这些圆圈的大小、颜色一样，可能没有多少人会有耐心地阅读下去。

7. 小结

设计的原则有以下 6 种。

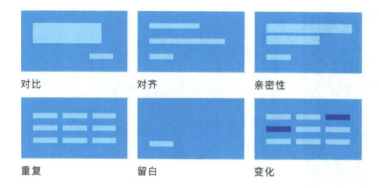

设计流程

前面我们了解了版式组成的元素、构图和设计原则,那么我们在工作中怎么利用起来呢?下面介绍我自己的设计流程,每个人的流程都不一样,大家都可以根据自己的习惯来调整。

1. 需求沟通,确认主题

当接到需求的时候,不要着急马上开工。先要找对方向,才能提高工作效率,事半功倍。沟通时要注意以下几个方面:

● 需求的目的是什么,目标用户是谁?——**对症下药**

● 这么多文案或者素材,哪个是一级二级的?——**划分信息层级,寻找重点**

● 风格上面有什么要求或建议?能否用 3 个关键词表达?——**预期效果是否达成一致**

关于风格上的沟通,请用图片交流和表达,毕竟每个人对"高大上"的理解都是不一样的,有的人认为是五彩斑斓的黑,有人认为是大量的留白。有了图片,我们可以去分析图片符合"高大上"的原因是哪些,从而提炼出具体的元素将"感觉"具体化,这里也是运用到了情绪板设计的体系。

2. 确定构图形式，学会视线引导

根据前面的沟通和风格关键词，收集好用于表达信息的元素，包括图形、图像、文字等，然后在草稿或者脑海中构思好，怎样排布能让信息有效地传达出去。

另外，作为设计师要学会引导用户的阅读视线。比如你找到了一个抬头向上看的模特，你可以把文案放在海报上方，用户会习惯性地自然地沿着模特的视线看到文案。

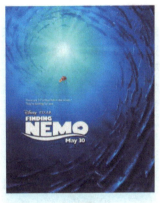

3. 色彩搭配，5种平衡关系

关于配色方法，网络上有很多，下面介绍个人觉得比较实用的5种色彩平衡的方法，它们比较容易理解，大家要根据实际需求来运用合适的配色方案。

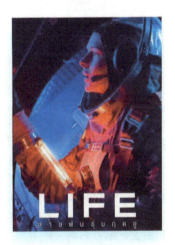

互补色　　　　　　　冷暖色

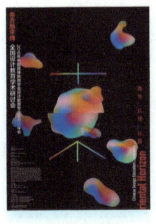

深浅色　　　中性色和彩色　　　纯色和花色

（1）互补色——相互衬托

互补色就是色环上相隔 180 度的两个颜色。海报中的绿色和红色就是这种关系，相互映衬，相互衬托，从而达到了一种平衡。常见的互补色组合有：红色＋绿色，黄色＋紫色，橙色＋蓝色等。

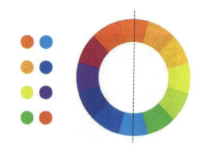

（2）冷暖色——情感表达

当我们想表达强烈的情感时，可以用冷暖色去对比，经常会在电影海报、插画作品中看到。另外，当 App 启动页要做情感化设计时也会运用冷暖色。

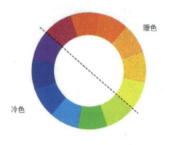

（3）深浅色——色彩层次

这里的深浅指的是黑白灰对比的重和轻，一般来说，色大而深显得比较重要，色小而浅显得比较次要，我们可以看一下前面讲构图时展示的海报黑白版，会发现这个规律更加明显。例如右图中重要的文字都用了深色调。

（4）中性色和彩色——视觉聚焦

中性色指的是黑色、白色和灰色，也叫无彩色，当中性色充当背景色的时候，彩色部分会更加突出和聚焦。

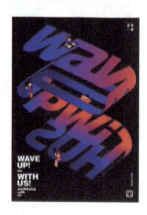

（5）纯色和花色——平衡多色关系

如果一张图，其主体本身颜色比较丰富鲜艳，背景色也五颜六色，那就眼花缭乱了，也就是经常说的辣眼睛，这时候一般采用纯色的背景来缓解视觉疲劳和平衡多色之间的关系。例如右侧左图的人物本身颜色比较多，如果背景和字体配色比较花哨，主体就显得不清晰。而右图中的主体都是照片，照片里面的色彩本身也比较丰富，所以文字就用纯色来平衡整体色彩关系。

4. 字体搭配

不同的字体有不同的气质，根据风格来选择合适的字体。如果遇到比较好看的字体，却不知道叫什么名字，可以找一些以图搜字的网站，如求字网等。

（1）黑体

　　黑体属于工业现代感比较强的无衬线字体，给人感觉端正刚硬，具有力量感，多用于表达简洁或信赖感的主题。比如苹果的官网都是用的黑体，整体呈现出简洁的风格。

（2）宋体

　　宋体属于细致优雅的衬线字体，苗条细长，很复古，多用于表达文艺或者时尚的主题。

（3）圆体

　　圆体的笔画圆润、柔美、可爱、很具有亲和力，多用于女性或儿童的主题领域。

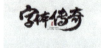

（4）书法体

　　书法体的特点是潇洒大方，气势磅礴，具有历史感，多用于表达传统文化或者历史主题。

（5）哥特体

　　哥特体是装饰性比较强的衬线字体，线条交接处和末端具有明显的粗细变化和装饰。特点是犀利、凌厉，多用于表达神秘、惊悚、魔法、童话或者战争的主题。

（6）艺术体

艺术体其实泛指像素风格、手写字体、汉仪六字简等具有强烈的艺术风格和设计感的字体。特点是轻松活泼，具有观赏性和趣味性。

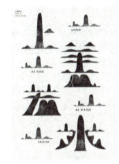

5. 调整检查

具体内容请见"案例演示"总结部分。

案例演示

上面的案例大部分是平面展览或者电影海报，那么实际工作中的网页、banner、闪屏或者 UI 界面等该怎么办呢？其实方法都是一样的，版面设计的原理应用在各个方面。这里演示一个移动端 App 设计案例吧。

需求素材

- 素材：四宫格+对话框（一级）
- 按钮：免费下载（二级）
- 文案：pins，你的拼图小能手（三级）
- 关键词：清新 简洁 少女心
- 目的：突出2个素材在朋友圈现在被刷得很火的现象。

素材1

素材2

首先，运营文案非常简洁，没有冗长到让我要分成一级二级三级；其次，需求的目的也很明确，就是要突出 2 个素材和按钮；最后，风格也没有奇奇怪怪的提议，只要和产品整体调性一致就好。那么在这里要介绍一下产品的背景了，pins 是一款少女心拼图App，界面简洁清新，有多种布局模板和背景。很快，我在脑海中简单地构思了构图方式。其实下面 3 种构图形式都是可以的，但是为了更好地突出按钮和素材效果，最后选择了对角线构图。

中心构图

S形构图

对角线构图

先在黑白稿的情况下把文案和主体布局好,让主次关系清晰;考虑到目标用户大部分是女生,使用了圆形字体,配色主要是参考了 pins 的 Logo 的配色,少女心的品牌色;最后调整细节,加上一些点缀元素,其中网格是 pins 比较受欢迎的背景。一个简单的 banner 就这样完成了。

视觉布局+主次清晰　　　　　圆体字体+清新配色　　　　　点缀元素+背景纹理

当我们的工作内容无法满足做文字比较多的平面海报的欲望时,可以考虑自命题练习。当时听到许巍《无人知晓》这首新歌的时候,有一些感悟和想法,然后做了一些 C4D 素材,想利用它作为主体和歌名做一下排版练习。

C4D素材

在开始动手做之前,我就想好了这次要做一个视觉直观而强烈的海报,再加上主体是文案和素材的结合,所以我才采用了满版构图。在黑白灰色调中将主角和配角的位置确定好,再去调整字体和距离。

主角　　　　　　　　　　　配角　　　　　　　　　主次布局细化

然后调整主体中的 4 个字和素材之间的交叉和重叠，调整后，我做了 2 个配色方案，一种是利用主体素材的颜色进行搭配，平静和谐；另外一种是红蓝配色，直观强烈。

细节调整　　　　　　　平静和谐的配色方案　　　　　　直观强烈的配色方案

总结

最后总结一下，我们在进行版面设计时，要注意从以下几个方面去不断调整和检查，同样当你看到一张海报不知道如何去思考和分析时，也可以从这几个方面入手。

1. **主题是否鲜明？** 视觉焦点是否突出？
2. **构图是否平衡**（3 种平衡关系）？
3. **设计原则是否合理运用**（6 个设计原则）？
4. **细节是否丰富？** 是否有趣？细节考验着设计师的情怀（字体、色彩、光影等）。

刘学松
海尔集团 UE 设计师

专注于交互设计与用户体验设计领域的研究。2014 年毕业于天津美术学院，从事过专业绘画教育，负责过多款 App 的研发。曾担任过产品经理职位，艺巷网发起人。坚持技术与艺术的新融合与统一的理念，为未来而设计。熟悉互联网产品的开发流程及最新流行趋势。作品曾多次获奖。

提高用户操作效率——负荷理论的交互设计实践

在海尔工作一年多了，总结自己在工作中的一些交互设计方法和思考分享给大家，希望对大家有所启发。

在这个讲求效率的时代，谁能用最少的时间成本，制造最大的信息密度，从而给用户带来最大的心里收获，谁就能赢得用户。那么我们在做产品设计的时候，是否可以考虑在满足用户基础体验，用户顺利完成整个操作流程的同时，如何缩短用户操作路径，提升用户操作的效率和转化率呢？如何去提高用户在使用产品时的可用性和可触达性呢？

注意，这些细节会大大降低用户的时间成本和认知负担。接下来我们以简单设计和场景设计的角度从最基本的按钮位置去分析。

在人机工程学里，用户完成某项任务需要克服三类负荷——**认知负荷、视觉负荷、动作负荷**。举个例子：我们在购物类 App 中浏览一些商品页面时，这些界面展现的信息内容会呈现在我们的视网膜上，这些在浏览时眼睛所看到的东西就是我们的视觉成本，眼睛将识别到的视觉信息传输到丘脑并对信息进行识别，这时我们会考虑商品的价格便不便宜、质量如何、可不可靠等因素（认知成本），来决定是否购买此商品，最后点击购买按钮进行一系列操作是我们的动作成本，这些成本我们称为负荷。认知负荷指的是用户思考和记忆的成本，视觉负荷是信息传达效率，动作负荷是我们的手指点击或触发的一些行为。不同的负荷所耗费的脑力资源也不同，这三种负荷所花费的资源从多到少依次为：认知、视觉、动作。所以，有时候有必要通过多次点击（动作负荷）来减少用户的认知负荷（包括记忆）。并不是所有场景都要求减少负荷，比如游戏应用就需要通过图片动画来增加视觉负荷，通过键盘或别的设备来瞄准并射击敌人，加大动作负荷，从而提升挑战难度。在下文中视觉负荷和动作负荷分别对应用户的视觉流和操作流。

那么我们结合实际的场景去分析一下负荷理论是如何影响用户在操作中的体验的。举一个非常简单的例子：我们看一下移动端注册表单的设计，产品需要获客、运营、留存用户，如果一个产品在注册阶段体验不友好，将严重影响产品的获客转化率。下面我们针对不同的设计思路做了**三种注册方案**。

方案 1：一个界面将全部的注册相关联的信息元素展示出来：返回 / 手机号 / 短信验证码 / 图形验证码 / 密码。

方案 2：不展示所有信息，分步进行操作，点击下一步进入下一组表单。

方案 3：分步进行操作，填写验证码时无下一步操作，无密码输入。

方案 1 讨论

优点：一个页面将所有的信息元素展示出来，用户可以看到所有需要填写的内容，相对于方案 2 和方案 3，其减少了用户在页面之间的跳转，也就是说减轻了用户的动作负荷。

缺点：1. 一次性将所有元素展示出来，会给用户造成很大的心理压力，使用户觉得此项任务完成困难，相比方案 2 和 3，从克服负荷的理论角度来说增加了用户的认知负荷和视觉负荷，用户需要通过眼球去识别这么多信息元素，并将这些元素传递给大脑进行处理解析，耗费用户更多的脑力资源和心理成本，从而很容易导致用户放弃注册。2. 注册按钮被键盘覆盖，不方便用户点击。

方案 2 讨论

优点：与方案 1 相比其操作流程分步骤进行，每个页面只完成一件事情，让用户认知上觉得不需要花费很长时间，降低了用户的认知负荷，操作按钮默认为置灰状态，在输入文本后高亮显示避免用户误操作。

缺点：分步操作虽然降低了用户的认知负荷，但却增加了用户的动作负荷，用户需要多点击两次。

方案 3 讨论

优点：同方案 2 一样，其操作流程分步骤进行，但相对方案 2，其减少了设置密码的步骤和填写完验证码后点击下一步的流程，在降低用户认知负荷的情况下进一步降低了用户的操作负荷，极大地提高了注册效率。用户在输入完验证码后程序自动进行校验，进入到下一个流程，图形验证码可以在触发安全策略的情况下出现，可以防止黑客的短信轰炸给用户带来的骚扰。具体的短信验证码和图形验证码的发送频率、反馈措施、验证形式，在这里就不做过多的讨论了。那么把密码在注册阶段砍掉后，用户可以直接进入 App 体验想要的功能。当用户在退出登录时，我们给用户一个提示，引导用户修改密码，而且可以有短信验证码、密码等多种登录方式供用户选择。好的产品是懂得克制的，尽可能地去做减法来保证用户体验。

缺点：相对于方案 1 来说增加了一步操作，增加了用户的动作负荷。

在设计交互流程的时候，缩短用户路径并不意味着要减少操作步骤，我们需要在认知/视觉/动作负荷中去平衡，有时候有必要通过多增加几次点击，适当拉长用户的动作负荷来减轻人的认知负荷，让用户不加思考地在不知不觉中达成某个目标。

但是当我们面对一些长表单，填写提交内容非常多的时候，应该如何处理呢？不能无限制地增加用户的操作步骤，操作负荷太多用户也会感觉到厌烦。

下面我们举一个长表单应该如何去设计的例子帮助大家进行思考。这是一些企业需要用户进行实名认证、添加银行卡的场景，我们分为两个方案。

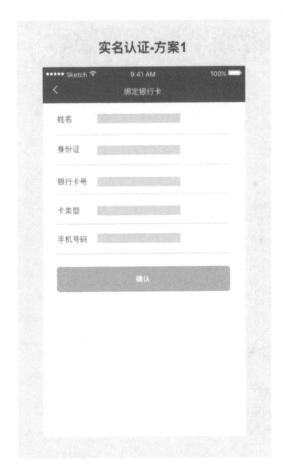

实名认证方案讨论

对于方案 1，我们不用做过多的讨论，一个页面将所有的信息元素展示出来，其优缺点已经通过注册流程分析过了，将增加用户的心理负担和认知负荷，导致放弃注册。

我们重点看一下方案 2 有何不同之处。其实我们只是将注册分为了两个步骤，减轻用户的认知负荷：当用户在输入姓名和银行卡号后进入下一步操作，第二个页面只展示卡类型表单。这里我们有另一种减轻认知负荷的方法，当用户输入并选择后，在当前页面卡类型表单下方紧接着出现手机号码等相关信息，进行分步填写，这样用户不用跳转到新的页面，在当前页面即可进行分步操作。这样既可以查看之前填写的内容，又减轻了用户的认知负荷。在体验上让用户不知不觉地完成绑定操作。

实名认证-方案2

长表单填写方案

　　我们看到此表单的申请内容非常长，如果一下子给用户全部展示出来，会极大地增加用户的认知负荷，从而导致用户放弃申请。因此，我们将操作过程分步进行，把每个步骤的信息元素进行分组。

　　在一个页面里，我们将个人信息分成五个小卡片，并让用户可以看到完成的情况。当所有必填信息填写完成后，"下一步"按钮高亮显示，用户点击"下一步"按钮进入到第二个卡片，以此类推，用户还可以滑动查看之前填写的内容。在表单内容过多时，我们可以这样操作，也可以分步填写表单。

分步进行并不是增加过多的页面进行，有时候当表单信息过多时，我们可以在一个页面中逐步将信息展示，在控制操作负荷的同时，降低用户的认知负荷。每一个关键任务流程表单页面制在 3 ～ 5 步为佳。

国外的一些公司，如 facebook，曾经做过一些 A/B test，分步注册的成功率要比非分步注册的高很多。当然大家可以通过 A/B test 去验证我们的分析结果。**产品内的一切优化都是为了提升转化率，从而实现用户增长，用户行为可追踪，分析用户增长才能实现。**所以在实际的工作中，我们会在一些关键的操作步骤中增加埋点，这样产品上线之后就可以监测到相应的按钮的转化率／点击率／跳出率，监测用户的行为。每一个按钮的位置摆放都会影响到页面的用户留存，通过数据去监测用户行为，但大家不要被数据所迷惑，而影响了自己的判断力。

此长表单填写方案的下一步按钮，主要有三种设计模式：1."下一步"按钮跟随表单移动；2."下一步"按钮固定到页面底部悬浮 ； 3."下一步"按钮放在页面的右上角位置。

方案 1 的"下一步"按钮跟随长表单移动，用户的阅读轨迹从上往下，按钮放在跟随表单的位置，视觉流和操作流是一致的，眼球运动轨迹和手指要到达目标按钮位置的运动轨迹路径是最短的。

缩短用户路径，用户大脑可以更快地接收信息，是符合用户的操作体验的。但是会存在一个问题，即当用户输入表单调取键盘时，操作按钮会被键盘遮挡住，这样用户就需要将键盘退出才可进行点击。不论是 Android 操作系统还是 iOS 操作系统，这都给用户增加了操作负荷，虽然键盘是支持修改的，但是有很多用户会忽略掉键盘上的提交按钮，并且不习惯。在认知和视觉负荷上都没有将按钮放在表单下方的位置最直接，那么还有没有更好的办法呢？

如下图所示，我们可以将按钮和表单跟随键盘移动，在键盘弹出时将按钮和表单向上推动，这样就解决了按钮被键盘遮挡的问题，视觉流和操作流也做到了一致的体验。我们可以上下滚动屏幕去查看表单信息，手指点击键盘外区域可将键盘退出。这种解决方案在前端开发技术上也是可以实现的（我们在设计时需要考虑开发的实现成本，没有开发实现不了的功能，但成本需要考虑），但是需要考虑多种机型适配的问题。所以是目前体验最符合用户操作体验的一个方案。

方案2的下一步按钮固定于页面底部悬浮，用户在填写完表单后再查看按钮会拉长用户的视觉流和操作流，这样用户接受就会比较慢，操作路径被拉长，从而导致时间成本增加。而且再输入表单时按钮依旧会被键盘挡住，相对于方案1也增加了用户的操作负荷。

方案3的下一步按钮置于右上角，虽然解决了按钮被键盘遮挡的问题，但用户的视觉轨迹从上至下再向上走，在表单内容过长时用户的视觉流和操作流是混乱不一致的，拉长了用户的行为路径，在信息传达接受的效率和操作行为的效率上都下降了。

对于方案2中操作按钮固定悬浮在页面底部的场景，多见于操作按钮非常重要且是一个功能入口，在视觉上也非常明显，能吸引用户的注意力，引导用户进行点击，常见于非文本输入信息的功能入口和选择信息的确认。我们可以看淘宝、考拉、京东这些 App，它们的加入购物车和立即购买按钮固定到底部，都很吸引用户注意力并强烈引导用户进行点击。在这里我们进行一下延伸，我们可以看到淘宝的底部标签栏有加入购物车和立即购买按钮，而京东的底部标签栏大部分场景只有加入购物车按钮，那么这是为什么呢？从根本上来说是由于商业模式的不同，淘宝是 C2C 的商业模式，京东是 B2C。那么我们可以看到京东就像一个超市一样，大部分为自营的产品，就像我们在线下逛超市一样把不同的商品加入购物车里，然后统一进行结算，突出了一个逛的概念。前期以大型家电为主，高单价的产品用户需要放在购物车里进行比较和考虑，这样避免了因为冲动购买导致的退单率增加，统一结算还可以提高产品的客单价，并且可在合并支付时方便地享受优惠，所以京东更多的是鼓励用户去加入购物车。淘宝就像一个闲散的集市，里边入住了成千上万家商家，我们在逛集市时在一个店铺看上了一件商品会在当前店铺立即购买。不同的店铺的优惠力度也是不一样的，所以在购物车进行合并支付时在优惠上也会出现很多问题。当然购物车也起到了收藏的功效，也有很多用户将商品加入购物车进行收藏、对比，再决定单独购买。不同的产品有不同的优惠活动，比如：整点变价、商城套装、集合竞价（定金尾款）、订单满减、下单立减、限时抢购、优惠券、预约抢购等。营销活动场景不同，按钮的展现也会有不同，也会出现有时有加入购物车有时没有加入购物车的情况。每一种活动在特定的场景下都会因为内容而影响界面元素的展现形式，我们在设计时不仅要考虑按钮的颜色、美观等视觉层面，还要从场景的角度去思考为什么这样去展现，去挖掘背后更深层次的一些东西。只有这样才可以把设计做得更好，这也是区分初级设计师和高级设计师的一个维度。下面是我在实际工作中做的购物车模块的交互设计原型。

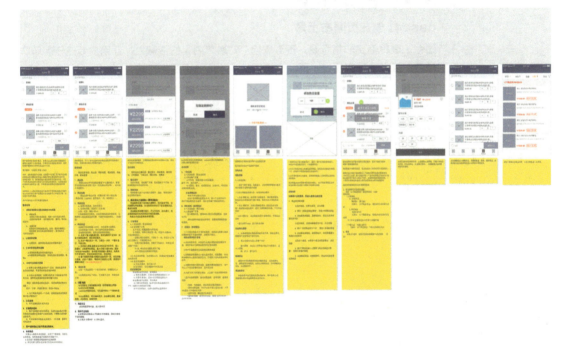

大家可以看到，一个简单的购物车不仅仅是一个页面那么简单，它里边涉及了不同的店铺，不同的营销玩法，何时去校验库存，购物车列表的展现顺序逻辑是怎样的，在无货和商品下架／失效时如何展示、如何去提醒用户等一系列问题。我们需要根据自身产品的商业模式，从场景上去考虑，从根本上去解决产品出现的一系列问题，而不是说看到表面的问题后小打小闹、修修补补，这样不会起到好的作用，反而会给产品带来更多的问题。所以，在这里强烈建议大家在设计产品时多思考一些产品背后更深层次的东西，去解决日常出现的问题。

总结一下，用户完成某项任务需要克服三类负荷——认知负荷、视觉负荷、动作负荷，并且这三种负荷所花费的资源成本从多到少排列为认知 > 视觉 > 动作。所以有必要通过多次点击（动作负荷）来减少用户的认知负荷（包括记忆）。提高用户操作时的转化率，从而实现产品的用户增长。

关于操作按钮位置的问题大概总结一下**规律**。

case1: 跟随表单移动

适用于有文本输入信息的各种长短表单信息的提交或下一步操作。

case2: 跟随键盘移动

适合于用户需要快速提交的一些短表单信息。有时需要 case1、case2 结合去使用。

case3: 固定到页面底部

适合于非文本输入信息的操作类按钮或者选择信息后的确认提交按钮，需要强烈吸引用户注意力，促进用户快速完成提交。

case4: 放在页面右上角

适合于表单信息非常重要，不影响用户对表单内容的注意力，让用户专注于表单本身的场景，且必填项未超过一屏非必填项超过一屏的情况。

case5：特殊情况需灵活运用

一个好的设计，要具备美感、信息传达效率、操作效率、情感关怀 4 个条件。视觉效果是体验的一部分，很多人觉得复制一下就可以了，却没有思考过为什么，殊不知每一个按钮的细节和位置都有可能影响产品的转化率。商业成功的关键，是在顾客的心智中变得与众不同，这就是定位。做产品设计也是如此，我们应该提取共性，凸显个性，在同类产品的竞争中形成差异化，占领用户心智，增强用户互动的意愿，让用户可以更多地表达自己，这样才有可能成功。有的朋友可能觉得心智这个词很虚，可以看一下设计心理学里，人如何思考这个环节，很多时候我们做产品不是只做简单的需求功能，而是应该更多地考虑需求背后的人性的东西，挖掘出这些才是真正的产品设计。举个例子，比如做交互设计，在满足用户基础体验的基础上，保障页面跳转流畅，使用无障碍，优化用户的行为路径，让用户可以更高效地完成功能任务，并在细节上制造一些小惊喜。比如最近在做的一个弹窗功能，为了统一用户体验，保持设计的统一性，需要统一很多操作的位置。仅"关闭按钮"一个很简单的操作，我体验了很多 App，基本分两种模式：有些放在右上角，有些放在左上角。从手势操作上来说，右上角是右手相对来说比左上角更易触达的区域，用户可以方便点击。人机工程学里有一项理论：按钮放在左侧的操作效率比放在右侧的操作效率要低很多。从人机工程学克服负荷的角度来说，可以减轻人的动作负荷，提高操作效率。但 iOS 很多关闭按钮都是放在界面左侧的，而 Android 放在右侧，这又是为什么呢？大家可以看一下《乔布斯传》，乔布斯是一个左利手，在一次采访中他曾说过苹果很多优秀的工程师都是左撇子。苹果的 logo 为什么被咬的一侧在右边而不是左边？因为乔布斯左手拿苹果，被咬的肯定是右侧。对于左利手来说，左手相对来说更易操作关闭按钮。所以说，在设计时一个小小的关闭按钮我们要考虑很多因素，考虑更多表现层背后的东西，把握住用户需求，才有可能赢得用户。

对于文章中的观点，我所说的不一定是对的。仅供大家学习交流。

为未来设计，并引领潮流和设计趋势，将未来设计大胆落地。这才是厉害的设计师，而不是一味地追随趋势。我们中国也需要这样的设计带领者！

水手哥

宜信高级 UI 设计师

RDD 团队成员，6 年 UI 设计经验。擅长总结分析设计中的细节，喜欢研究设计应用中的方法论。

如何系统学习功能图标

图标的定义

1. 什么是图标

图标是具有明确指代含义的计算机图形。从功能角度分为启动图标、应用图标、功能图标。

2. 什么是功能图标

功能图标是指具有指代意义且具有功能标识的图形，它不仅是一种图形，更是一种标识，具有高度浓缩并快捷传达信息、便于记忆的特性。

图标的种类

具象图标：保持事物本来固有形态进行优化设计，如汽车、轮船、飞机、车票等。

抽象图标：不是一个具体的事物，更趋于概念化，如个人中心、空间、模式、最近等。

图标的风格

1. 面性图标

面性图标是由一根封闭的线造成了面，面性图标同样具有大小、形状、色彩、肌理等造型元素。直面图标具有稳重、刚毅的男性化特征；曲面图标具有动态、柔和的女性化特征。

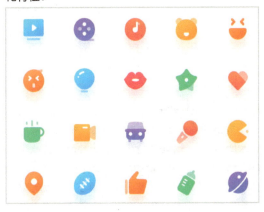

（1）不透明度图标

不透明度图标是通过调节图标的部分面性结构来增加层次感的，从配色角度看，属于同色系。
(图来自 NO-921)

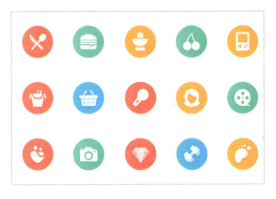

（2）光影图标

三大面五大调，通过调节面的反光和阴影来增加面性图标的纹理。在扁平时代的今天保留着微拟物风。

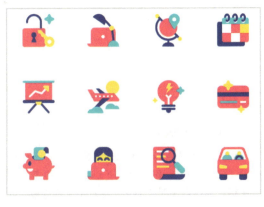

（3）多彩色图标

多彩色给人很酷炫的感觉，从明度角度看，还是要提取深浅不一的颜色来代表图标的黑白灰。
(图来自 Kyle Anthony Miller)

2. 线性图标

线性图标是通过粗细一致的线条绘制，高度概括出来的图标，既能让人赏心悦目，又能给用户带来创造和应用的乐趣。

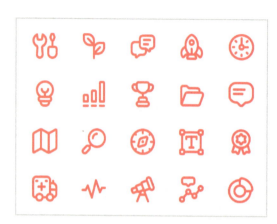

（1）圆角图标

圆角图标给人以亲和力，也有柔软、软弱的一面。在图标设计越来越精美的今天，圆角图标的应用行业越来越广泛，如女性、母婴、儿童、旅游等行业。（图来自 Stephen Andrew Murrill）

（2）直角图标

直角图标给人以锐利、坚强、果断、不拖泥带水的一面。魅族系统 Flyme6 里面的图标就是用的直角，给人明快干净的感觉。真正更好地诠释它内在含义的就是京东金融里的图标了，投资理财的时候需要人们果断做出判断。理财有风险，投资需谨慎。直角的感觉让人当机立断，不拖泥带水，快买快出。如果用圆角就感觉柔一点，感觉做事优柔寡断。

（3）断点图标

断点图标是点线面演化的一种产物。在最开始 UI 兴起的时候，设计师们不满足于单线条的功能图标，通过点线面增加形式感。新浪体育最早运用到这一风格，还是很不错的一种风格。很遗憾只留在了我的记忆里，网上并没有找到之前的设计。（图来自 Catalin Mihut）

（4）高光式图标

高光式图标是传统绘画的产物，我们在传统绘画的时候最后一笔往往是添加高光，起到画龙点睛的效果。高光式的功能图标采用里细外粗的规律，与断点式功能图标差不多是一个年代的产物。在不断扁平、不断简洁的今天，也不会感觉那最后一笔是多余的。（图来自 Udisk6353）

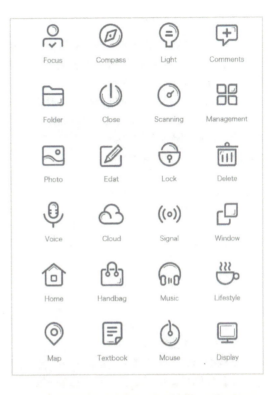

（5）不透明度图标

不透明度图标是通过调节图标的部分结构的不透明度来增加图标层次的。色彩上跟双色图标是一样的，只不过从配色角度看，属于同色系的范畴。（图来自 Laura Reen）

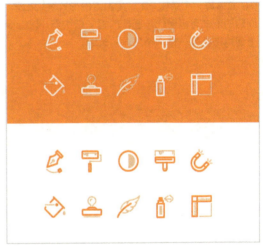

（6）双色图标

双色图标在实际应用中范围非常广泛，很百搭。一种是有彩色跟无彩色结合，有彩色的颜色可以是企业色，也可以是代表行业或者产品的颜色。一种是主体色跟点缀色组合而成的双色，但使用时要考虑到当前界面中的配色不宜过多，多了就容易花。（图来自 stay ）

（7）线面结合图标

线面结合图标也是一种很出彩的风格，线是高度概括的图标，这时候面更多的是充当装饰点缀的作用。面的表现方式也有很多种，可以是单色的、渐变色的，也可以像 MBE 风格那样提取主体结构形成的面，也可以提取图标里有闭合路径所形成的面。这种风格应用也非常广泛。（图来自 Ted Kulakevich and Prakhar Neel Sharma ）

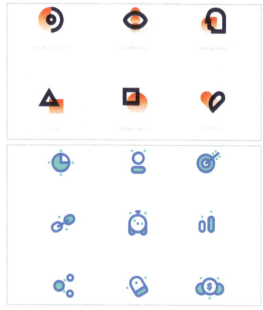

（8）结构图标

结构图标算是比较有争议性的图标。比如对于一个具象图标，我们要分析出它的每一笔每一画，看清每一个结构，然后用固定的形式表现出来。固定的形式可以像优酷图标的相交结构点，可以像上海玛娜花园一笔一个颜色，等等。

（9）一笔画图标

一笔画图标是难度系数比较高的一种图标风格，也是我非常喜欢的一种风格。刚开始流行断点图标的时候，锤子设计师欧阳念念就提出了一笔画图标的概念，在当时也是有争议的一种图标。当网易云音乐也出了这种图标后就更具有说服力了。一般也很难驾驭，做，应该基本都能做出来，但是达到看上去很舒服的程度，还是要有深厚功底的。

（10）logo 类图标

logo 类图标跟一笔画图标算是同等难度级别的，图标要足够精致才可以直接拿来当应用图标。这种在 APP 中屈指可数。再细讲就到设计 logo 的范畴里了，自己想想也害怕。就到这吧。最为经典的就当属网易云音乐的 logo 了，其实它也属于一笔画图标，同时又用作了 logo，它的含金量可想而知。

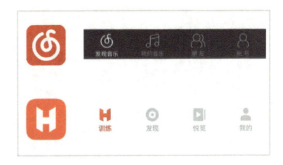

（11）情感化图标

情感化图标是提取人的五官跟图标相结合、具有拟人化特点的图标，这种拟人化的场景模仿人在真实场景中的应用。QQ 的底部图标通过五官方向、大小、移动变化，很好地表现出当前场景。QQ 开了先河，相信后续会有很多情感化图标出现。

3. 如何转换线性图标与面性图标

线性的闭合路径的图形变面性图标，闭合路径里面的线条反白，重要的关联结构线反白，让面性图标透气；线性的不闭合路径的图形变面性图标，应适当增加线的粗度来达到视觉上的平衡。（图来自 Jory Raphael and Sebo）

4. 如何去创造新的图标风格

那就要利用好绘画结构＋点线面＋色彩。绘画结构可以清晰地分析出事物的主体结构，勾勒出主体轮廓，对创造新的图标风格有很大帮助。绘画结构选的角度是人很熟知的角度，比如正面，尽量不要选择带有透视角度的进行设计。点线面是设计的基础，从点线面角度去构思会获得很多灵感。色彩可以是企业色、行业色、主题色、点缀色等。
（图来自 Ted-Kulakevich and Graphéine）

图标的特性

1. 统一性

（1）大小的统一

在网页设计中，图标的主流尺寸有16x16、24x24、32x32、48x48、64x64、96x96、128x128、256x256、512x512。

在iOS系统上，苹果建议44x44（px）作为最小的点击目标区域。但在实际应用中，iOS和Android均正常出一个设计版本，二者结合来看，我们在2倍图下最适合的大小为48x48(px)。

iOS功能图标的其他尺寸为48加或减4的倍数；Android功能图标的其他尺寸为48加或减8的倍数。为什么iOS是4的倍数？一个数除以2倍图再乘以3倍图，要是偶数，最小的数为4。为什么Android是8的倍数？Android开发中最小的单位是1dp（1dp=2px）同时也要满足一个数除以2倍图再乘以3倍图，要是偶数，最小的数为4，所以Android的是8的倍数。

在很多带有色块的图标中，不仅要保证色块48x48（px）的大小统一，也要保证色块里面的功能图标的大小统一。

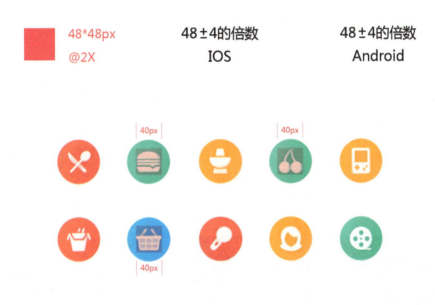

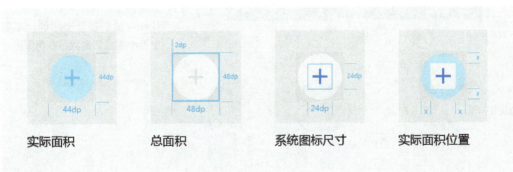

（2）风格的统一

这个不用多说，要保持风格统一。在直角图标和圆角图标基础上可以添加一个其他风格，如双色风格；但是其他风格最好不要两两相加，不然会给用户很容易乱的感觉，也不够简洁，主次不分。

（3）规范的统一

视觉的规范

在同样的大小区域去绘制正方形、圆形、三角形，虽然符合了大小统一的特性，但是为什么从视觉上看还是不均衡？这就需要我们规范化地去绘制图标，Android 规范里给出了图标的绘制方法。

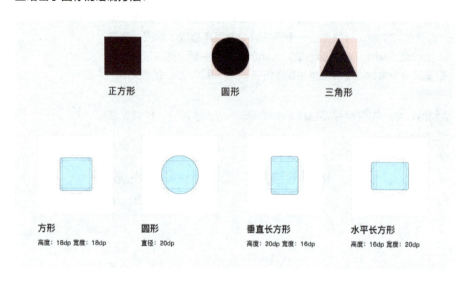

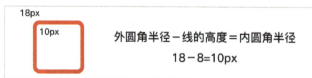

圆角的规范

2. 简洁性

简洁性不仅是要图标简洁，还要体现在从创意到实际落地的简洁上。在使用软件 AI 或者 Sketch 绘制基础图形时，不要出现小数点和奇数，多用偶数。

3. 层次明确

图标具有可点击性和标识性。可点击性有点击前、点击时、点击后三种状态，主流底部标签栏会在点击前使用线性图标，点击时和点击后使用面性图标；也可以使用颜色来区分。

4. 延展性

图标的延展性在前面也讲到过，好的图标可以直接当应用图标或者 logo 来使用。同时好的图标还可以通过点线面动效变化做下拉加载动画。

如何合理地设计功能图标

1. 头脑风暴

头脑风暴看似一个不知道怎么解释的词，简单来说就是多动脑子，越用越活。头脑风暴不仅在这里用到，它还是所有设计师做设计之前的必备工作。头脑风暴完，你会觉得你的设计思路很宽，然后再合理地分析可行度、完成的工作量、自己当前设计的水平。其实，很多设计师能有效地搜索到自己想要的东西也算是头脑风暴的一种，虽然你不会想出很多点子，但还是很明确地知道自己想要什么。一定注意不要直接拿来主义，还是要通过平时的练习掌握更多的风格，为以后头脑风暴想出的很多点子能很好地实践出来打好基础。头脑风暴很重要、头脑风暴很重要、头脑风暴很重要，重要的事情说三遍。比如以旅游为主体进行头脑风暴，就能想到很多很多。

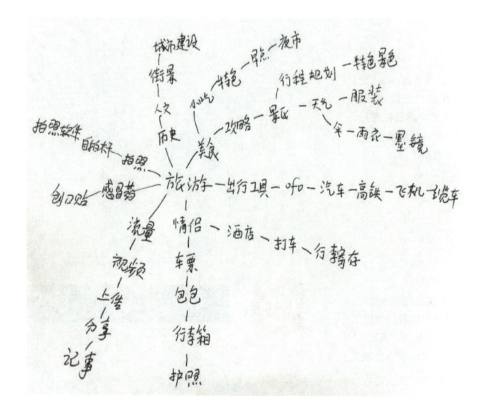

2. 搜集资料

搜集资料的时候要很好地提取关键词，直接从 iconutopia、iconfont、iconfinder、iconmonstr 搜索获取灵感。具象的事物可以看看该事物好的品牌公司的产品，品牌公司的工业设计相对较好，对后面提取元素也会有很大的帮助。也可以把提取好的关键词，翻译成英文，再到国外的网站上搜索看看。搜索到的素材和元素一定要再设计，不能拿来直接用，如果直接用后面就没必要写了。

3. 提取元素

提取元素又归结到绘画结构中去了，绘画好的人看到具象事物，心里默默打开一个灯，三大面五大调，光影关系都有了。不是很理解的人还是多练习吧。关于如何提取元素暂时还不能写出很好的方法。具象图标就是提取主要轮廓线，保留可要可不要的元素，到最后的时候做统一删减；对于抽象图标，有时候确实没有一点思路，就可以在 iconutopia、

iconfont、iconfinder、iconmonstr 上找，找到了合适的图标还要进行再设计。有想法后选择一种图标风格，这样绘制效率会很高。

4. 规范化

　　元素提取好后，需要开始选择一种图标风格进行绘制。开始绘制时不要过于追求图标的风格，还是要从图标本身出发快速地绘制好。等全部绘制好了，突然想换一种图标风格也是很快的，水到渠成。可能刚开始很难，在规范化的框框里直接根据提取元素开始绘制，那就只能先绘制你想要创意的元素图标，全部画好后，在统一的规范里再绘制一遍。规范化的目的就是让图标统一，把任何两个图标拿出来看，视觉大小、风格都是统一的。

5. 加减法

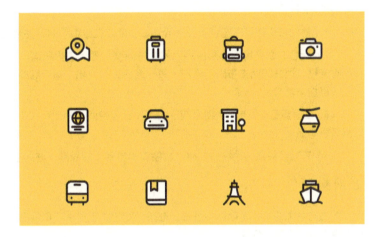

如何学习 Yoga Style

分析 Yoga 风格（Yoga Style）

　　Yoga 全名 Yoga Perdana，是一名印度尼西亚的设计师，擅长插画和标志设计。玩追波的人应该一点都不陌生，他独特鲜明的风格得到很多人的关注。

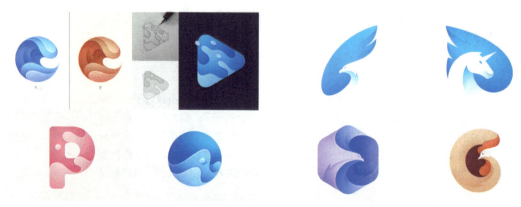

分析作品

（1）他的每个作品在造型上都很简洁、饱满，在结构线明暗关系上把握得非常好。

（2）配色方面多用同色系或用近似色做渐变，看上去很和谐，但也有很突出的光影明暗变化，很好的结构布局，再加上每一条曲线的变化，都很好地体现了结构变化，作品就更加丰富饱满。

（3）在很多正负图形中，突出"正"空间，给足空间，压缩负空间，尽可能减少留白，让画面更丰满。

（4）在塑造具象的动物造型时，遵循头小身子大的原则，施展空间更大。

如何尝试练习

先进行抽象练习，可以自由发挥。在造型能力方面要求不是很高。但在具象的事物中对造型的能力要求很高。

先在一个圆里，发挥丰富的想象，可以跟水、山、云、海、花盆、气泡等组合绘制，让画面有一种看山不是山，看水不是水的感觉。从水中提炼小的元素进行装饰，从山、云中分析层次远近的虚实关系。还有瓷花盆上面的效果也很抽象，让人产生很多联想。然后开始大量地绘制，最后从手稿中找出有感觉的图形进行软件绘制。

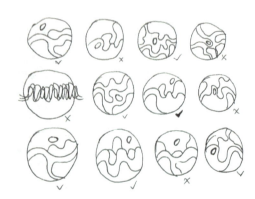

软件基本工具

（1）钢笔工具＋形状生产器工具

（2）钢笔工具＋分割

钢笔工具绘制　　按住Ctrl键　　　按住Alt键，　　　按住Shift键，
手柄两边长度一致　可以伸长或缩短　可以改变一边的手柄　可以45度角改变曲线
且在同一条线上　　一边的手柄长度　　方向和长度

在AI中置入绘制好的图片，　　　　复制一份图形，
先绘制一个正圆，　　　　　用小白工具选择锚点去调整曲线，
再用钢笔工具绘制剩下的曲线，　　　　让曲线更加柔和，
注意用尽可能少的锚点去绘制，　Ctrl+Y组合键可以查看曲线的轮廓
锚点的两个手柄要在一条线上

方法一：形状生成工具

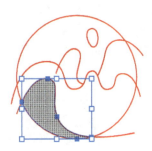 

形状生成工具　　　　　删除多余的边，大体的形状OK了
直接选择要生成的形状就可以了

方法二：分割

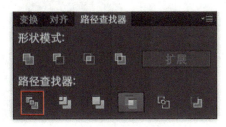

选中所有图形，点击分割　　选中要组合的形状，　　大体的形状就ok了
　　　　　　　　　　　　点击联集（合并）

 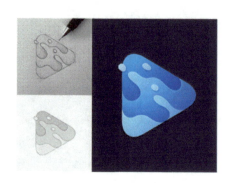

简单地添加黑白灰关系

参考右侧的配色关系

因为个人更喜欢在PS里配色

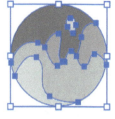

选中形状，

选择图层右上角，

释放到图层（顺序）

文件→导出，保存psd格式，如右图所示。

打开PS，图层样式渐变叠加，参考yoga配色大体绘制出明暗渐变，开始添加细节

添加图层样式效果如下图所示

配色跟着感觉自己调

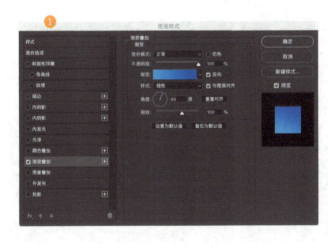

2345都是一样的复制两个图层，每个图层添加内阴影，具体数值如下

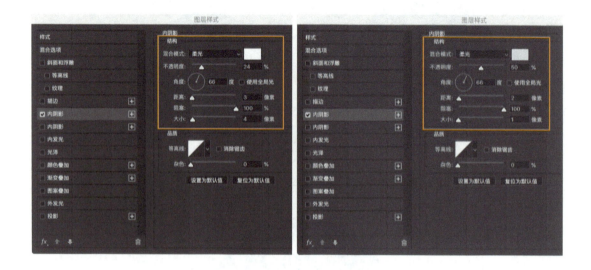

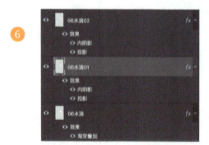

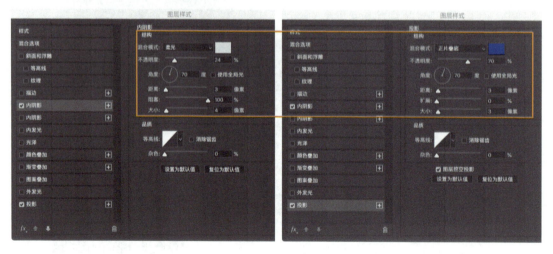

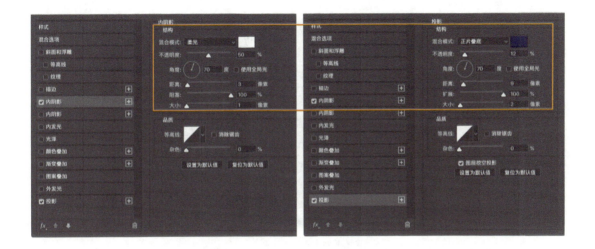

大体感觉出来了,在重新调调色

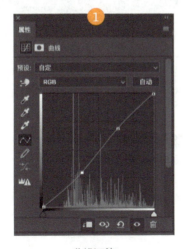

曲线调整

色相饱和度

曲线再次微调

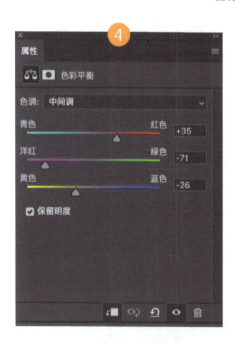 

色彩平衡 — 中间调

黄金分割

　　黄金分割是指将整体一分为二，较大部分与整体部分的比值等于较小部分与较大部分的比值，其比值约为 0.618。这个比例被公认为是最能引起美感的比例，因此被称为黄金比例。

　　黄金比例等于 1:1.618，如何计算元素的长度？首先需要确定小元素的长度。然后乘以 1.618 的黄金比例就是大元素的长度。

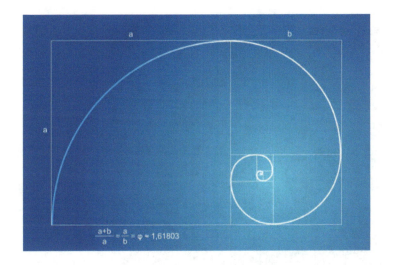

黄金分割在 LOGO 中的应用

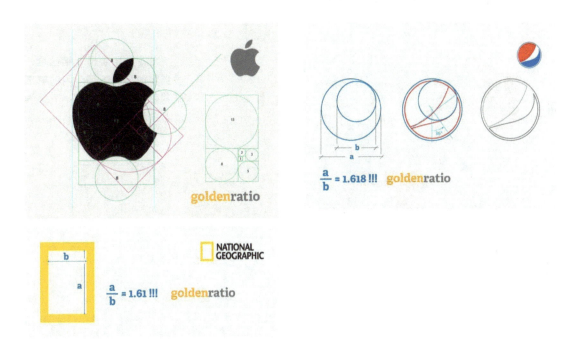

圆切法

本来准备用手稿绘制好，再来用圆切，但是像 Yoga 那种造型的，手绘难度还是很大的，绘制的效果不能直接用，所以还是先找图片，用钢笔大体绘制出想要的效果。用钢笔绘制可以不用考虑细节，绘制出大体的轮廓，如果用圆直接切，很容易抠出细节，能很快勾勒出简洁的轮廓。

用圆切法绘制好所有的圆后，为什么不用形状生成器工具和分割呢？因为太多的圆一起快速生成后的形状上会生成很多锚点。

百度搜索"鹰剪影"图,按住特征用钢笔工具绘制大体轮廓

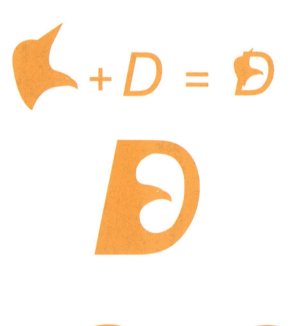

鹰轮廓和字母 D 相结合,适当修改得到下图,用钢笔工具调整能变得很细腻。下面尝试用圆切法进行绘制。

| 外切圆 | 内切圆 | 内外相切 |

选择绘制好的两个圆，复制一份

居中对齐，让它们做外切圆 选中 - 对齐关键对象 - 垂直分布间距

如何利用圆绘制一条曲线

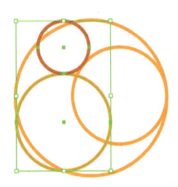

把两个圆先编组，让红的圆先对齐下面圆的中心，按快捷键 R 旋转，按住 Alt 键出现"旋转"弹出框，慢慢调整角度，让另一个圆和下面的圆对齐。

同样再用在第二个圆跟第三个圆上。

203

圆的位置定好后，开始删除没用的锚点。在路径中添加锚点，旋转要添加锚点的路径，在路径移动会出现"交叉"时，点一下，添加锚点。然后删除不要的锚点。

删除不要的锚点后，旋转交叉的锚点，单击鼠标右键连接完整的曲线就好了。如果觉得锚点不好，可以再细调。

按照上面的方法，同理得到下面的图，再做其他结构线，以及配色。

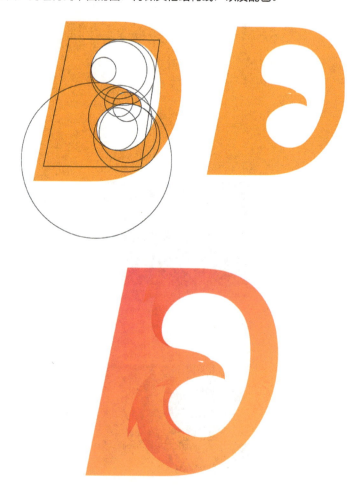

如何系统地学习线

线的概念

线是点运动的轨迹。几何学上的线只有长度和方向，没有粗细、宽窄、厚薄和形状之分。在平面构成中，线的主要作用是强调方向和长度，并用以引导视线。

线的分类与情感色彩

在平面造型中，线比点更具有感情色彩，这主要体现在长短、粗细、曲线和虚实。线总体上可以分为直线和曲线两类。直线可分为竖线、横线、斜线、折线、放射线等。曲线可分为 S 曲线、弧线、螺旋线等。

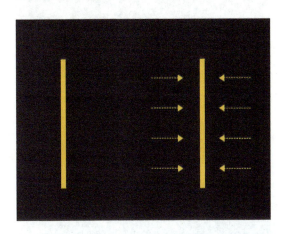

1. 直线

直线让人联想到巍峨的山脉、高大的建筑物、参天大树等。直线是男性的象征，简单明快，给人一种稳定、冷峻和坚强的感觉，富有速度感和紧张感，是一种力量的美。

（1）竖线

为什么一根竖线会立着？一种情况就是没有任何力施加在上面；另一种情况就是所有施加的力正好相互抵消，所以它才可以稳稳地立在那里。

这张照片拍摄于上海陆家嘴，上海中心大厦和环球金融中心虽然是很高、很雄伟的建筑，但是它们竖立在城市中央却给人一种安静、稳定的感觉。

照片拍摄的是两头豹子，豹子平时给人的感觉是很凶猛的，当竖线构图时却给人一种安稳和亲密感，不会让人产生恐惧。

此图是 Walid Beno 的设计作品，他采用竖线的构图方式，建筑有高有低，错落有致，加上冷暖配色的对比，突出城市很有秩序、积极向上的感觉。竖线给人的感觉是下落、上升、挺拔、稳定、刻板、刚毅、有力、亲密、利索、肃穆……

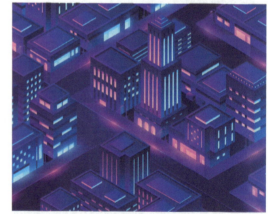

（2）横线

横线同样不需要任何力就能保持水平状态，也可以因为上下的力同时抵消达到水平状态。

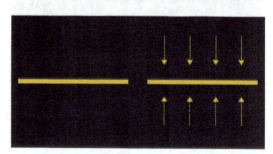

图片拍摄的是青海湖，天空、湖面、地面处于平行线上，给人很安逸、干净、舒适的感觉。

此图是小魔女007画的一张插图,插图中天空、湖面、地面、汽车、人物差不多都在同一水平线上,能感觉到大家在旅行中享受着安逸、舒适,画面给人一种沉着、理性、安静、舒适的感觉。

横线给人的感觉是安定、平稳、沉着、理性、干净、整齐、中规中矩、安静、稳定、舒适、波澜不惊、无聊……

(3)斜线

斜线受到的力并不稳定,才会出现斜的状态,具有运动感,富有朝气。

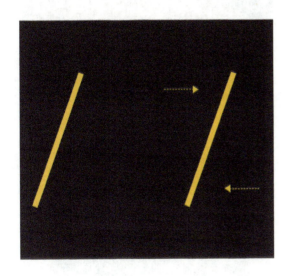

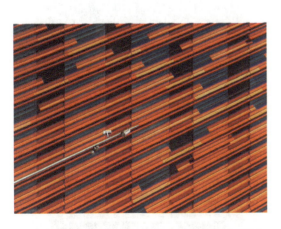

此图是一张摄影照片,画面都整齐划一的倾斜,给人一种干净、力量、运动的感觉。

此图是一个棒球运动的网页设计,倾斜的感觉可以增加画面的运动和力量之美,还能起到分割画面的作用。

斜线给人的感觉是活泼、倾斜、运动、不安定、力量、刺激、危险……

（4）折线

折线本来是一根直线，不屈服于外面施加力而形成的。

此图是北京的鸟巢，它的外轮廓用了大量折线，给人一种刚毅、对抗、力量、不屈服的精神，这种精神也代表了奥林匹克精神。

此图是闪电的照片，闪电就是由大量的折线构成的，给人危险、紧张的感觉。

右图是 UI 界面设计，地图中用了折线，给人一种明确指引，更加突出。

折线给人的感觉是紧张、不屈服、刚毅、对抗、力量、指引、冲突……

（5）放射线

放射线有极大的冲击力，有往里聚集也有往外喷发的力量。

我们小时候看包青天的时候，经常出现左图这样的图片，太阳散发的光，代表着希望、威武、神圣，老百姓都希望得到公平、公正。

此图是动画片《灌篮高手》截图，有一个很厉害的阿里设计师 UISTAR 就用这个图片作为头像，头像中放射线聚焦自我，动不动就自恋，很符合樱木花道的性格。

此图是一个 banner 图，放射线在 banner 设计中经常被用到，它有强调、聚集、突出的作用。放射线给人的感觉是强调、聚集、威武、神圣、突出、速度、发射、力量、方向、冲击……

2. 曲线

曲线是容易让人想起潺潺流水、风摆春柳等。与直线的冷峻、硬朗不同，曲线是温暖而柔美的，易产生丰满、轻快、跳跃、流动而自由的感觉，发散而灵活，充满生命力。

（1）S形曲线

S形曲线原本是条直线，由于施加在它身上的力的不同，而且它本身柔软，顺应这些力，呈现出一种包容的美。

此图是一张美女的照片，很多女生都希望自己有S形曲线的身材，S形曲线符合人体美学，给人舒适愉悦的女性魅力。S形曲线给人的感觉是柔软、女性、包容、成长、舒适、愉悦、安全、母爱……

（2）弧线

弧线还可以细分为抛物线和圆弧。

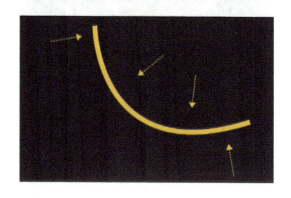

此图是一张鸟展开尾羽的照片，展开的羽毛呈现出的弧线，很优雅自然，丰满有张力。

此图是 UI 设计中用到的弧线，正常情况下弧线表示进度、百分比，给人一种积极向上的、努力的态度。弧线给人的感觉是弹性、丰满、张力、生命力、果敢、优雅、力量、规律……

（3）螺旋线

螺旋线是一边前进时受到了侧边力的挤压形成的，如果它的外面始终都有外界施加的力，就形成了螺旋线。

此图是一个楼梯的螺旋线，很自然，有韵律，也很符合黄金螺旋线的美感。

右图是 Mike 大神设计的网页，在 banner 上半部分，视觉的重心也完全符合黄金分割中的兴趣点。这让画面很有张力，也增加了韵律。螺旋线给人的感觉是神秘、神圣、韵律、引力、谜团、眩晕、优雅……

（4）自由曲线

下图是苏适的一幅书法作品，代表着放荡不羁、自由洒脱的性格。自由曲线给人的感觉是自由、浪漫、洒脱、灵性……

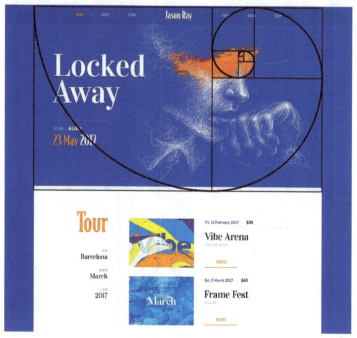

3. 隐藏的视"线"

隐藏的视"线"多指人的视线。

此图中两个人物对视产生了一条隐形的线。对视中眼神透露出希望、温柔、包容。

隐藏的视"线"给人的感觉是希望、活力、自信、神圣、温柔、包容、智慧……

线在设计中的常见应用

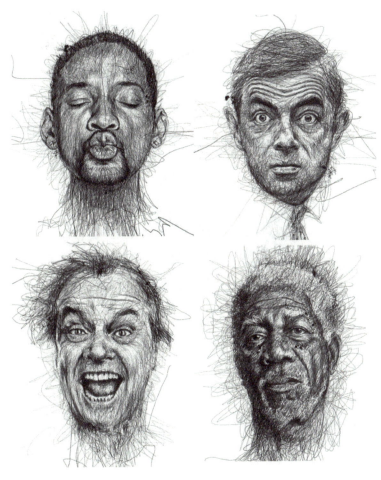

1. 以线塑型

以线塑型，即运用线的粗细、疏密来表现画面的明暗关系及结构，从而塑造出物象的形体轮廓。对于初学者来说要多临摹图片，熟悉钢笔工具，用线条提炼画面主要元素。

左图是用线条绘制的人像，这需要深厚的绘画功底，体现了放荡不羁、洒脱的画面感。即使我们不能画出来，也还是可以观察里面的结构和明暗关系的。

213

上面这种设计很适合初学者，对着照片快速地提炼人物或物体的形态，适当排版，让画面看上去更丰富。

此图是一幅好的插画，前期要很好地去构图，用钢笔工具绘制好路径，线条要流畅，简单地交代出明暗关系。

2. 高度概括，简洁明了

此图是一笔画 icon，绘制这种 icon 也很考验设计的功底，明快简单地勾勒出大体的线条，还要让画面有一种统一感。

在摄影中经常能看到上图表现出的高度概括的光影关系，简洁明了，干净舒适，粗细的曲线给人一种流动感，很大气。

3. 提示强调，突出重点

此图是 MBE 大神的作品，他用黑色或者深色线条来高度提炼轮廓，来保障画面的统一。

此图是奔跑的包子插画铺的作品，他跟 MBE 一样，在黑色线条基础上加粗了线条，以此起到突出强调的作用。

此图是一个网页设计，它用方框的线条来区分信息，加强并突出。画面中好几个方框通过大小对比再次突出重点。

此图也是一个网页设计，用短线条来提示标注标题，画面中重复的短线给人统一的感觉。

4. 分割信息

此图是 App 界面，通过线的分割让画面更清晰，层次更明确。

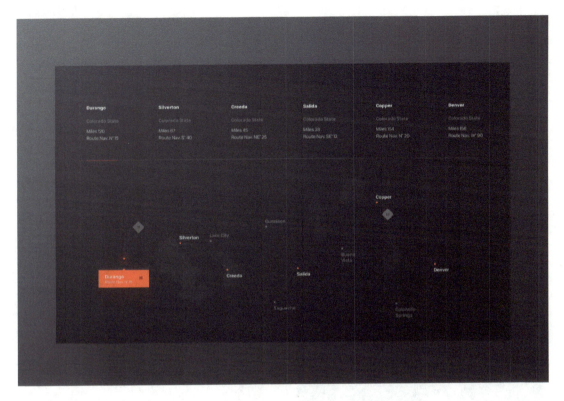

此图是一个网页，画面中的线条不但有分割的作用，橙色的标识还有交互含义。

5. 使画面更柔美

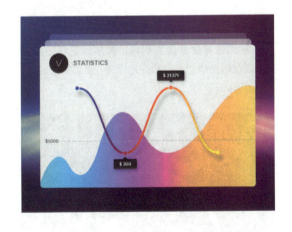

在 UI 设计中，曲线运用恰到好处，让画面更有节奏感和韵律，没有呆板的感觉。

图形通过曲线来丰富画面，更加柔软有亲和力，让画面更加饱和。

6. 视觉引导

在网页中也可以通过改变线条的色彩，按照色彩顺序来有序地排列指引。

左图是信息分类的引导，有序地进行信息分类，通过线条指引来代表先后顺序，使画面更流畅。

7. 交互动效引导

动效中的线条通常都有指引的作用，从一端开始另一端结束，引导用户的眼睛按照线条变化走动。

如何学习 Low Poly Style

Low Poly Style（低多边形风格）主流插件

1. Image Triangulator App / Triangulator / FlatSurface Shader

主流的插件就是这三个，优势是可以快速地制作，劣势是操作不方便，绘制出来的 Low Poly 效果不是很理想。

2. 用平面软件和三维软件做出来有什么区别

用平面软件制作很出色的作品，如像设计师 Charis Tsevis 那样的作品，还是很难的，对结构、光影、配色都有很高的要求，而三维软件会帮你解决这些问题。但是三维软件系统给的光影和色彩却没有平面软件中对色彩的可控性那么强。如果对色彩很有感觉的设计师用平面软件制作出来的优秀作品要比三维制作的更惊艳，两者是并存的，可以共同学习。

如何利用 AI 软件制作 Low Poly Style

1. 绘画中的结构

素描从表现形式上分为结构素描和明暗素描。结构素描侧重表现物体的内部结构。

（1）结构素描，其特点是以线条为主要表现手段，不加明暗，没有光影变化，而强调突出物象的结构特征。这种表现方法相对比较理性，可以忽视对象的光影、质感、体量和明暗等外在因素。

（2）明暗素描则是以明暗色调为主要表现手段的素描形式，是将对形体的明暗感觉和形体体积的认识统一起来塑造和表现形体的素描方法。

对于手绘能力很强的同学自然不用多说，但是对于不是科班出身，手绘差的怎么破？我们可以暂时放弃明暗素描，先从结构素描出发。拿到一个事物虽然画不出来，但是我能很好地看出其中的结构，在目前主流都在做减法的趋势下，插画 / 产品 / 图形 / 图标 / logo 大多需要精准的结构关系，至于明暗关系只要简单地交代一下即可。总之结构素描很重要，画好结构素描对以后的造型设计会有非常大的帮助。

2. 绘画结构那么重要,你讲了那么多我还是不会怎么破

方法一:照片转素描手绘 PS 动作插件(Pencil Sketch Photoshop Action)

合理地运用这款插件,从 PS 整体色阶或阈值中就可以很快分析出大体的轮廓,再用平面软件进行绘制。

方法二:AI 软件自带图像描摹

图像描摹——高保真度照片 / 低保真度照片 / 3 色 / 6 色 / 16 色,通常用这 5 个模式,新手也能快速地分析出造型中的明暗结构关系,去找一张光影结构关系还可以的照片试一下(大家可以多找光影结构好的图片,看看系统规划的结构是什么样的)。

高保真度照片　　　　低保真度照片

3色　　　　6色

原图

16色

3. 开始正式进入 Low Poly Style 的案例教学

下面就开始用线条绘制造型。

搜索一张长颈鹿的照片，若结构把握不太好，可以复制几张图片，然后选择图像描摹——高保真度照片 / 低保真度照片 /3 色 / 6 色 / 16 色，来看一下有没有适合自己更好地把握结构的。

　　　　　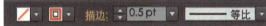

选择直线工具　　　　　设置直线线条为红色，描边为0.5pt

用直线简单地勾勒出长颈鹿的轮廓出来。

大体轮廓绘制好了，看有没有需要微调的，如果感觉还可以就开始连接线条

选择连接线的锚点，然后对齐，水平居中对齐和垂直居中对齐，然后选中锚点，可以微调锚点，让锚点在物体的边缘线上。

221

所有线都连接得差不多的时候，按 Ctrl+Y 组合键转化成路径，放大一下，查看线的连接情况。要让所有的线条都连接起来，所以回头检查要仔细一点，这是个体力活。

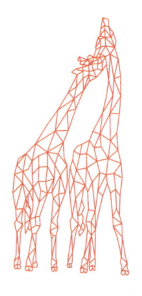

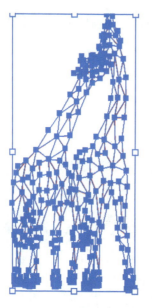

确定所有的线的锚点都连接好了，选中所有的线，对象−扩展，只勾选填充复选框，单击确定

然后使用路径查找器−分割

选择长颈鹿给它添加红色，描边1pt

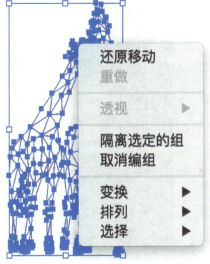

选择长颈鹿，用鼠标右键单击-取消编组

参考 Lars Lundberg 配色，得到下面的效果，有时候线条不好选择，可以将旁边可选择的线条用鼠标右键单击—排列—置于底层，就可以再选择你想要的线条了。

加个背景，再加一些鸟、树木、太阳来活跃一下画面气氛，加上投影，再润润色就收工了。

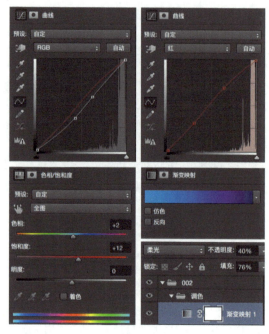

4. 举一反三

举一反三也是我们设计师应该掌握的一项技能。我在绘制了一套 low poly 小插画之后，举一反三，也尝试绘制了一些类似风格的插画。

总结

  Low Poly Style 虽然不是我们设计时必须要掌握的设计风格，但是通过它我们可以学到很多，结构素描就是其中非常重要的一个环节，可以尝试练习 Low Poly Style 来提高结构素描的感觉。

黄金分割在界面设计中的应用

　　黄金分割，大家应该早有耳闻，作为一名设计师，怎么来利用黄金分割线使其构图更加完美呢？说实话，构图时是否使用黄金分割线构图并不是绝对的，它只是方法之一。但是黄金分割比例在全世界确实都是至高无上的。

至高无上的黄金分割比例

　　这种东西是很神奇的事情，你了解得越多，越会觉得这是一个不可思议的事情，甚至被称为上帝的密码。那黄金分割线到底是个什么东西呢？它在什么位置？它在画面中的哪个地方呢？"有一条线条，我们从中切一段，如果左边是 0.618 这么一个比例，右边则是 1 这么一个比例。"这样的比例，我们称为黄金分割比。那么中间切割的位置就是黄金分割线的位置。

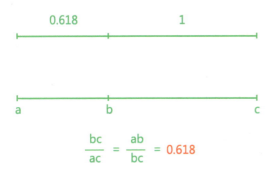

　　我们大体概括一下：黄金分割线是指将整体一分为二，较大部分与整体部分的比值等于较小部分与较大部分的比值，其比值约为 0.618。这个比例被公认为是最能引起美感的比例，总结一句话就是 0.618 的比值最美。

　　那 0.618 的比例是怎么来的？有人做了一个实验，他们拿着一些长方形去问全世界的人，说哪个长方形最好看？结果所有人都不约而同地选择了如下图所示的这种长方形。

　　科学家们就很奇怪，它的奥秘到底在哪里？要分析分析它。这个长方形如果从中间画一条线，把它分割成两个形状的话，右边可以是一个正方形，左边小的长方形的比例和原来的长方形的比例是一模一样的。

　　小的长方形也可以切割出一个正方形和一个等比例的更小的长方形。这种长方形只有黄金比例的长方形才能做到。

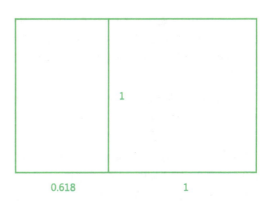

黄金分割线

运用黄金分割线构图

画面长宽比不同，黄金分割线位置也不同。这里我们常用的长宽比尺寸有 3:2、4:3、16:9、1:1。

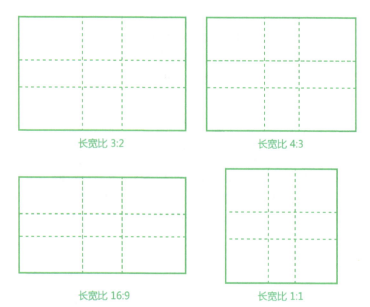

长宽比 3:2　　长宽比 4:3

长宽比 16:9　　长宽比 1:1

在移动端主流尺寸中，**iOS** 使用尺寸 **750×1334**，Android 使用尺寸 **1080×1920**。这两个尺寸正好等同于一倍图 375×667 的比例。

不同长宽比的画面我们按照 0.618:1 的比例，一个画面可以切割出 4 条黄金分割线，上分割线、下分割线、左分割线、右分割线。我们在实际构图中怎么利用黄金分割线快速排版呢？

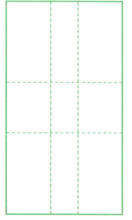

长宽比 375:667

1. 基本的运用方法

（1）把主体放线上，当然线状的主体才能放线上

在构图中经常遇到正方形 / 长方形等规则的形状，前期我们把规则的形状中心放在黄金分割线上，等所有内容添加完成后再分析画面的重量，微调来平衡画面。

不是所有的物体都是刚刚好放在黄金分割线上。轮廓化的形状应该根据什么来跟黄金分割线重合呢？应该是形状的重心，而不是中心。

如右图所示，长方形的图片是有规律的形状，我们把它的中心暂时先放在右黄金分割线上，从平衡角度来看还是右边重，因为我们还没有把页面所有元素放进去，到时候可以根据画面的平衡感来微调。

（2）多条黄金分割线构图

一个画面中，可以切割成上下左右四条黄金分割线，前期练习时可以尽可能把黄金分割线利用好。

如左图所示，我们把图片放在右黄金分割线上，正文大标题放在上黄金分割线上。这样就搭上两条黄金分割线了，再加上 logo、分类、导航等信息，整个界面就更完整了，如下图所示。

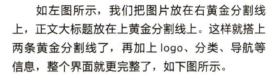

2. 具体选择哪一条黄金分割线

初期进行练习的时候，黄金分割线能搭上几条就搭上几条。这么多条黄金分割线，到底选择哪一条？

（1）根据元素选择

在进行界面设计时要根据元素多少选取更合适的黄金分割线。

如左图所示，最终所有元素都确定后，我们把图片放右黄金分割线上，正文大标题放在上黄金分割线上，正文跟按钮的中心放在下黄金分割线上，图片轮播按钮的中心放在左黄金分割线上。这样四条黄金分割线都利用起来。在这基础之上再去微调画面，相信画面会更出彩。

（2）根据哪边更精彩选择

把上下或左右两条黄金分割线对比一下就能确定参考哪一条黄金分割线了。

如左图所示，我们开始把图片放在下黄金分割线上，上面留了太多空间，图片的内容展示得也很少，画面感不够丰富。

如右图所示，根据画面的丰富程度，我们把图片放在靠近上黄金分割线的位置，把图片中的主体放在靠近右黄金分割线附近。然后再添加内容来丰富画面。我们为画面添加 logo、数据、导航、分类、按钮，让画面更丰满，如下图所示。

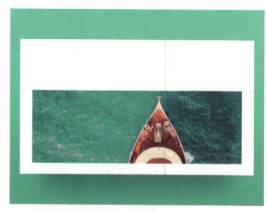

（3）视线的影响

人和动物的视线朝向会影响图片的摆放位置。

如上图所示，小狗狗的视觉朝向是左边，所以我们肯定得把小狗狗放右边。因为它是一个不规则造型，当遇到不规则造型时我们应该尝试找到它的重心，它的整个形态正好成一条直线，所以它的重心应该是沿鼻子往右的一条隐形的线。主体确认好后，我们再加上 logo、标题、正文、导航进行排版，微调保证画面平衡，如下图所示。

简化的黄金分割线——三分线

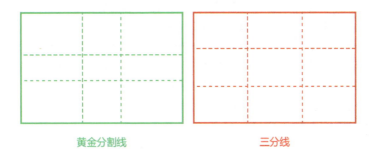

黄金分割线　　　　　　　三分线

还有个困难,那就是 0.618:1 的黄金分割线的位置确实不好找。所以对于设计师来说,我们有一种简化黄金分割线的做法?那就是三分线。

什么意思呢?看右图,灰虚线是黄金分割线,黑虚线是三分线。三分线就是均匀地把长方形的长和宽切三段,均每个方格都是一样大小的。

三分线的位置跟黄金分割线的位置差不了多少,但是黄金分割线比起三分线更靠近中央的位置。

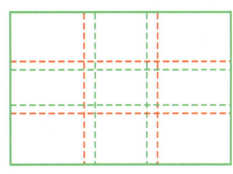

▬ 黄金分割线　　▬ 三分线

如上图所示，绿色的虚线是右黄金分割线的位置，黄色的虚线是右三分线的位置，我们没有直接把主体的重心直接放在黄金分割线上，在这个画面中，因为左右的信息量很大，给人很重的压迫感，所以主体如果太靠近左边就会让画面失去平衡，这时候我们就把主体放在了三分线上。

在设计时，不要很严谨地把主体的重心摆在三分线上，一来黄金分割线真实所在的位置是三分线往里靠一点的位置，二来我们说黄金分割线构图／三分线构图不是说让你一定要完全重叠，差不多就行，具体情况还是要具体分析。

有人问，这么多构图技法，在设计的时候能顾虑到那么多吗？刚开始的时候跟大家一样也是不会的，但我会做练习，刻意练习。感觉像命题作文，指定什么主题就写什么主题。当你掌握了这种构图之后，你的设计就会变得自由，想怎么构图都是可以的。

黄金分割还不止这些表现形式。它还有一种更复杂的表现形式叫黄金螺旋线，而从黄金螺旋线里可以推导出一个黄金兴趣点。

于是我们就把最佳兴趣点和黄金螺旋线都统称为黄金分割的衍生品。在设计中应该算是比较高级的一种构图技法了。

最佳兴趣点

来看看黄金螺旋线衍生的最佳兴趣点在什么位置？

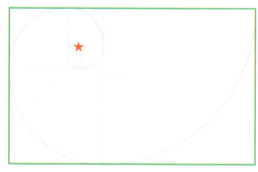

最佳兴趣点

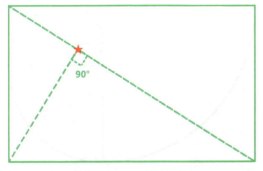

在设计中实际应用的时候，想找出这个点来绝对不是很容易的事情。所以怎么办呢？有简单的找到最佳兴趣点的方法吗？连接长方形的对角线，从另一个顶点画一条垂直于这条对角线的线，交点基本就是最佳兴趣点的位置，如左图所示。

简单找到最佳兴趣点的方法

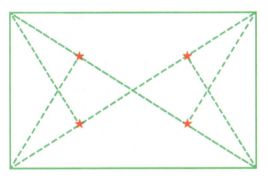

画面中不止一个最佳兴趣点，一个画面中会有4个兴趣点，更方便我们利用，如左图所示。

所有最佳兴趣点

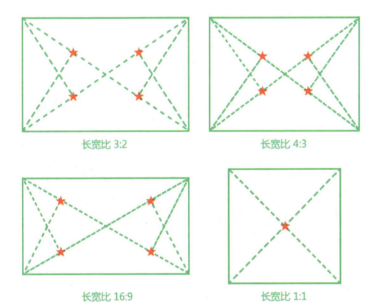

画面长宽比不同，最佳兴趣点的位置也不同。这里我们列举常用的长宽比尺寸3:2、4:3、16:9、1:1。

在移动端主流尺寸中，**iOS**尺寸使用750×1334，Android尺寸使用**1080×1920**。这两个尺寸正好等同于一倍图**375×667**的比例。

长宽比 3:2　　长宽比 4:3

长宽比 16:9　　长宽比 1:1

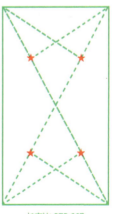

长宽比 375:667

案例分析

上图是来自摄影师 **7kidz** 的摄影作品，图片质量很高，整体风格很符合现今主流的抖音风，那就顺便做个直播类的 UI 界面设计来诠释最佳兴趣点的魅力。

案例一：同样大小的图片，我们按照两种方式进行摆放，左边的图片参考黄金分割线，把人物的眼睛靠近上黄金分割线的位置；右边的图片，我们把人物的左眼放在了右上最佳兴趣点的位置。然后我们去掉辅助线再对比下。

黄金分割线构图　　　　最佳兴趣点构图

虽然我们参考了两种方式进行排版，图片本身就很精美，很多人就感觉随便放放就好了，左边的黄金分割线构图单看也是很棒的，但所谓没有对比就没有伤害，当黄金分割线遇上最佳兴趣点，哪个好效果是显而易见的。从画面的饱和度跟视觉引导上看，显然右边的整体感觉更饱满一些。再加上直播平台元素，整个界面如下图所示。

黄金分割线构图　　　　　　最佳兴趣点构图

案例二：画面中人物前方的效果很出彩，想办法尽可能保留，所以把人物左眼放在右上最佳兴趣点的位置，正好左前方灯管不规则物体的重心也恰巧在左上最佳兴趣点的位置，这样就运用了两个最佳兴趣点，画面更加丰富起来。再加上直播平台元素，整个界面如右图所示。

案例三：画面中人物的睫毛放在右上最佳兴趣点的位置，刚看到画面的时候我们第一眼会被美美的胸部所吸引，但是眼神会顺势往右上看到美女的睫毛。是的，因为我们把它放在了最佳兴趣点的位置，不会因为它占的面积很小而被忽略。这个案例其实最具代表性。加上直播平台元素，整个界面如右图所示。

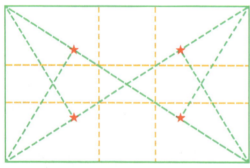

交点不重合

"最佳兴趣点和黄金分割线是不是重叠的？"

最佳兴趣点和黄金分割线交点是不重合的，黄金分割线的交叉点比最佳兴趣点更靠近画面中心。

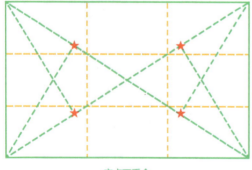

交点不重合

"那是不是就是三分线的横竖线相交处啊？"

最佳兴趣点和三分线交点也不重合？最佳兴趣点比三分线还要更外一点。

最佳兴趣点可以和黄金分割线或三分线一起使用吗？答案是肯定的，一起使用会增加布局的多样性，内容可以排得更加丰富。

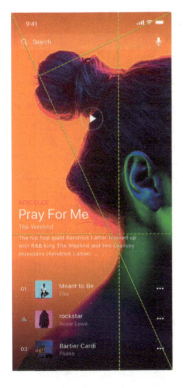 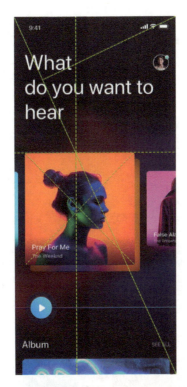

如左图所示，音乐专辑封面为正方形，最佳兴趣点就是正方形的中心点，封面人物重心放在正方形的中心，封面放在界面靠近上黄金分割线的位置；大标题差不多在左上最佳兴趣点的位置，整个画面重心在左黄金分割线的位置，为了达到视觉平衡，右上角加了一个头像形成大小对比，让画面更稳定，不至于左边太重而失去平衡。加上播放按钮 / 推荐的封面后再调整，如下图所示。

如上图所示，画面中最突出的是人物的头发，我们把头发形成的点放在了左上最佳兴趣点的位置，微调人物，画面中的人物重心差不多在三分线所在的这条直线上。标题正好作为一个整体的中心放在下黄金分割线的位置上。再加上音乐封面 / 歌曲名 / 播放按钮微调，使画面达到视觉平衡。

黄金螺旋线

斐波那契螺旋线也称"黄金螺旋线"，是根据斐波那契数列画出来的螺旋曲线，自然界中存在许多斐波那契螺旋线的图案，是自然界最完美的经典黄金比例案例。

以斐波那契数为边的正方形拼成长方形，然后在正方形里面画一个 90 度的扇形，连起来的弧线就是斐波那契螺旋线。

斐波那契数列（FibonacciSequence）数列是这样一个数列：1、1、2、3、5、8、13、21、34、55、89……

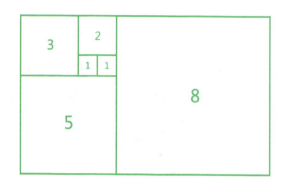

在数学上，斐波那契数列以递归的方法来定义：

F0=1

F1=1

Fn=F(n-1)+F(n-2)

(n>=2, n ∈ N*)

斐波那契数列比在字号大小、界面布局、Logo 设计上具体有哪些用法？

1. 字号大小

（1）大字体与小字体比例系统

在选择一个字号大小作为参考时，我们正常会选择最大字号或最小字号作为参考。按照黄金比 **1:1.618** 可以得到比它大的字体，按照黄金比 **1:0.618** 可以得到比它小的字体。

为了方便排版，除了可以使用黄金分割比，还可以使用斐波那契数列比。可以有更多灵活的排版方式，通过对比可以选择最适合的。

斐波那契数列比 1:1/1:2/1:3/2:3/1:5/2:5/3:5……

见右图，我们可以根据字体的高度比来排版，这里大字高度：间距：小字高度比为 8:5:5，可以灵活使用斐波那契数列比，多排几个版式找到最适合的一个。

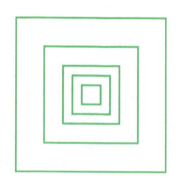

（2）文字的长度比例

在设计字体大小的时候，可以根据字体的长度来做参考，黄金螺旋线整体长度为 140px，下面的字体比较长，我们就乘以 1.618 来得到比较大的比例 226.52，对应长度取整数即可为 226。

2. 界面布局

上图案例由 UISTAR 提供。整个界面的布局很舒服，字间距也恰到好处。在做后台界面、客户端界面时，会出现界面分段布局，很多时候认为后台不是特别重要而忽略了它的美观性。看下图，我们应该怎么通过斐波那契数列比来切割画面？

通过斐波那契数列比 8:5:3:2:1 绘制了正方形，在后台复杂的界面中肯定要参考画面中重要的最小宽度来确定这个比例大小，红框就是我们确定的最小宽度，确定宽度后，根据比例 8:5:3:2:1 得到大小不一的方格，剩下来就是根据内容自由组合合适的方格。

很神奇的事情发生了，好的作品大体都符合这个规律，几个像素的偏差已经不重要。所以，前期我们可以参考方法论，当你的能力上来之后再放弃它，慢慢凭自己的感觉来判断作品的好坏。

3. LOGO 设计

黄金斐波那契螺旋法是国际上通用的 LOGO 设计手法，也是最工整、最严谨的设计手法。这里说一下为什么要用黄金螺旋线去重新定义标识呢？打个比方，很多时候我们会找一张动物图片用圆切法去绘制它，但是绘制时因为不知道怎么去做减法，会让这个形态变得复杂，绘制结果更多像是图案或者图形，而不是标识。在使用黄金螺旋比例去切形态时，要抓住动物的主体形态和特征，尽可能地抽象化、简单化。

黄金螺旋线在 LOGO 中的应用

黄金螺旋比例用圆去切割很多人已经会了，但是最最高级的就是利用好黄金螺旋线。最近站酷很火的一个设计师 DAINOGO，他的作品中就用到了黄金螺旋线，能用一个圆解决的绝对不用两个圆。我们在设计中如果有运用到弧线的地方可以考虑使用黄金螺旋线作为参考。

黄金分割线、三分线、最佳兴趣点，每个还可以分上下左右 4 个构图方案，这样就已经有 12 种排版方式可以考虑了。构图时是否使用黄金分割线、三分线、最佳兴趣点并不是绝对的，它只是方法之一。如果你有排版基础，以这个为参考一定可以排出不错的版式。

黄金分割上中下就写完了，最近跟一线大厂设计师交流，他们给我的反馈是做设计的时候不单单只是视觉上的美感，更多的是需要方法论的东西，这样才更具有说服力。

重复与突变在产品设计中的应用

设计中的重复是什么？在平面设计中，重复构成是常用的一种构成方法，通过重复可以使画面达到和谐、统一的视觉效果，并能加强给人的印象，也可以达到一种有规律的节奏感和形式美感。

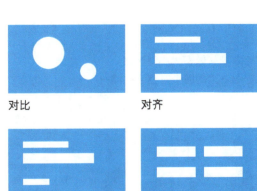

对比　　对齐

亲密度　　重复

排版的四大原则：对比、对齐、亲密度、重复，重复在排版中也占据了一席之地，它在设计中的分量是不可小觑的。

大小　　形状　　色彩

格式塔原理：接近性、相似性、连续性、封闭性、对称性、主体/背景、共同运动，格式塔原理中的对称性就是重复的一种表现方式；格式塔原理中的相似性算是重复中自带的一种突变。

重复

重复是设计中最基本的形式。在同一设计中，相同的形象出现过两次或两次以上就形成了重复。

在产品设计中重复的元素有大小、形状、配色、间距、组件、圆角值；在交互层面重复的元素有位移（方向）、旋转、缩放、不透明度、相同属性交互要一致。

在产品设计的前期，设计师需要输出界面设计，为了方便下游前端工程师更好地规范和适配，也要保证产品后期上线产品视觉稿的高度还原，这就要求设计师输出一整套产品的视觉和交互规范。

1. 重复配色

在 App Store 的页面中使用了相同的颜色进行提醒，方便用户快速查找和点击，整体的蓝色又给人理性的感觉，而从付费 App 的好评数可以看出是因为产品好才推荐你进行理性消费的。

2. 重复大小

　　INS 主页第一排头像大小相同，重复排列，与内容的人物头像有大小对比之分；INS 搜索页采用了九宫格布局，为了让重复中有变化，它把右边的四个方格合并成一个内容展示区，用来推荐好的热门视频。

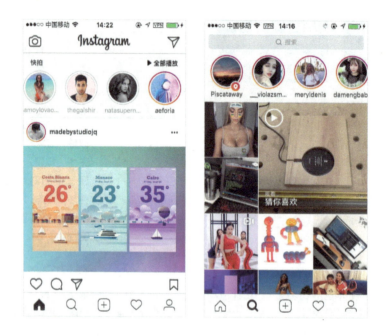

3. 重复间距

　　Airbnb 界面中的间距非常规范，首页大体采用了谷歌里面的 8px 原则，每个间距之间的规范很多都是 1:2 的比例关系。好的比例规范会给界面带来简洁大气的感觉。

4. 重复组件

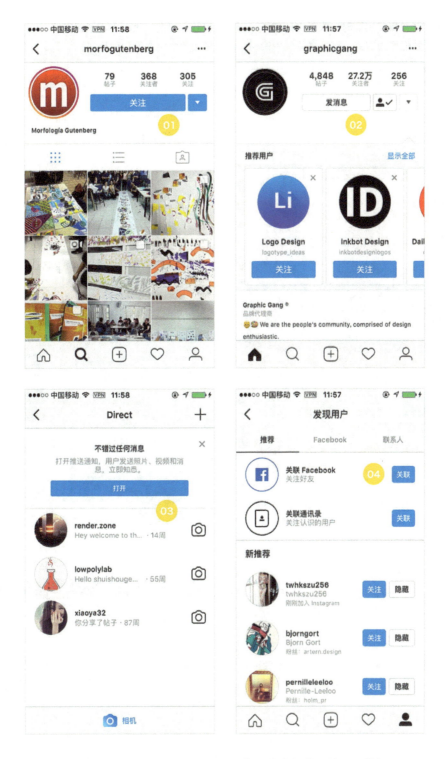

（如图标注）INS 界面中用了统一组件，相同的圆角和高度规范又给画面增加了统一性和连贯性。

突变

在相同的形象重复出现时，尝试去改变某一形象的形状、颜色、大小、不透明度等来丰富画面时我们称为突变。格式塔原理中的相似性也是重复中突变的一种形式。

在产品设计中，我们运用突变的目的很简单，就是为了让其更加突出，多用于区分当前状态、选中状态和默认状态。

1.Banner 轮播

Banner 轮播图上面的提示状态会根据当前状态和默认状态进行区分，让当前状态进行变化从而得以凸显。

2. 导航栏分类

导航栏分类上面的提示状态也是根据当前状态和默认状态进行区分的，让当前状态进行变化从而得以凸显。

3. 按钮

在登录注册页面中，我们会通过大的色块凸显登录按钮，引导用户快速登录，进入 App 里面。这样减少了用户的思考过程，符合大脑的惰性。

但是在很多 Windows 系统中，卸载软件时会跟你玩文字游戏，会用非、否、不是等诱导你做出错误的判断。

4.Feed 流

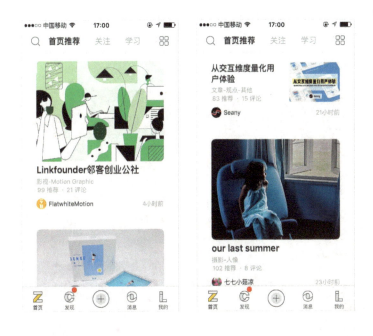

Feed 流是产品中持续更新并呈现给用户内容的信息流。Feed 流产品展现形式有列表、瀑布流、卡片形式。

站酷首页 Feed 流里会把内容分为作品和文章，之前版本中的作品和文章的样式是一样的，新版本中重点是推作品，当文章出现时通过改变文章的排版进行区分，重复里面又带有变化。

节奏感

多少元素排列可以形成节奏感，一般来说是 3 个或 3 个以上；两个，你不能说是节奏感，只能说它是重复。3 个或 3 个以上整齐地排列就会形成一种节奏感。

1. 左右滑动

  界面中三本书籍整齐地排列在一起，可以通过左右滑动来获取更多的书籍。在使用左右滑动效果时，应考虑元素的数量，尽量不要超过 10 个。

2. 列表页

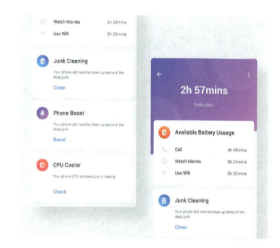

  列表页整齐地排列在一起有一定的节奏感，通过改变 icon 的配色来丰富画面。

韵律

  元素在排列的过程中有形状、颜色、大小、不透明度等有规律的变化就形成了一种韵律感。在动效上主要还是通过位移、放大、缩小、旋转、不透明等变化来制作界面动画的。

1. 最美有物

  最美有物 App 中的画报界面中，通过改变每个界面的大小比例有序地排列在一起，通过上下滑动可以快速浏览标题，进行查找翻阅，整个过程很流畅，整个界面有流动性和韵律感。

2. 图表

  图表在设计的时候通过不同颜色来区分不同的时间段，线条错落有致的排列增加了界面的韵律感。

3. 配色

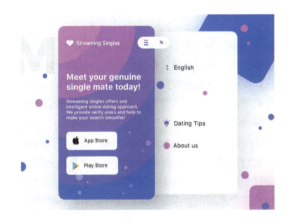

  这两个作品都是通过色彩，按照红橙黄绿青蓝紫规律运用到界面中的背景和列表中的，从而增加了画面的丰富感和韵律感。

  重复在动效中如何运用才会有韵律感？

  界面动效中主要分成当前状态动效变化和转场动效变化，界面中的元素 a1 对 b1、a2 对 b2、a3 对 b3 信息对等，能帮助界面做出很有韵律感的动效。

总结

  重复可以使画面秩序化、整齐化，形成和谐、富有节奏感的视觉效果，更有利于加强人们对画面的记忆。

  重复、突变、节奏感、韵律几种不同的方式都可以存在于产品当中，几种不同的美感可以同时存在，只不过它适应不同人群的审美能力，审美能力高一点的更喜欢一些变化，审美能力相对基础的更喜欢简单的重复。

  所以，画面中不断出现同样的元素，这叫重复；而在很多重复里突然出现一个变化，这叫突变；相同元素整齐地排列在一起，这叫节奏感；而这些元素在排列的过程中有形状、颜色、大小、不透明度等变化，从而形成了一种韵律感。

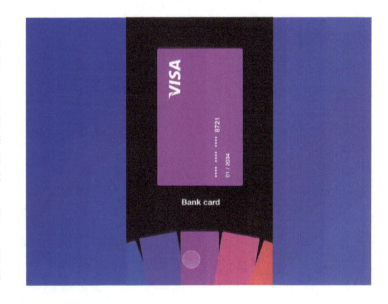

夏凡
交互设计师

设计心理学方向，研究课题为服务设计，在校期间曾参与中国航空工业电商平台及手机客户端、新浪理财师等项目设计，现任百度 UXC 交互设计师，参与百度手机助手、百度智能相册拾相、好看视频等多个项目的交互设计工作。

动效设计应有的体验设计规则

自从来到新的项目组后，发现和我配合的 PM（产品经理）很喜欢加动效，特别是引导动效，他们认为这些动效能够强有力地刺激用户，完成产品的目标，同时也认为动效是产品情感化的一种体现，于是就提了很多的动效需求，结果却给体验造成了负担，甚至出现了端内各种互斥以及视觉焦点凌乱的情况。

站在交互的角度考虑，动效是用来辅助设计的一种形式，好的动效能够解决问题，彰显情感，同时视觉设计发挥的同时也应该遵循一定的规则。于是交互发起，尝试书写动效体验设计原则，原则也可以作为一种走查，一旦需要添加，可以按照原则进行思考，不合理的部分也可以驳回产品需求。

因能力有限，在书写的过程中先了解查看官方动效类原则作为铺垫和基础。这些为产品提供了基础原则，是每个产品设计都应该遵循的。首先是 iOS 人机界面指南。其提供的产品基础设计原则如下。

（1）美学完整性（Aesthetic Integrity）：视觉表象和交互行为与其功能整合程度。

（2）一致性（Consistency）：贯彻相同的标准和规范，符合用户心理预期。

（3）直接操作（Direct Manipulation）：提升用户的参与度并有助于理解。

（4）反馈（Feedback）：反馈交互行为，呈现结果，并通知用户。

（5）隐喻（Metaphors）：在虚拟对象上使用与用户熟悉的体验方式。

（6）用户控制（User Control）：是用户在控制而不是应用在控制。

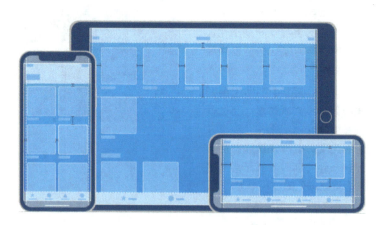

Material Design 原则中也提到关于动效的表意——"动效的设计要根据用户行为而定，能够改变整体设计的触感。应当在独立的场

景呈现，让物体的变化以更连续、更平滑的方式呈现给用户，用户能够充分知晓所发生的变化。动效应该是有意义的、合理的，是为了吸引用户的注意力，以及维持整个系统的连续性体验。动效反馈需细腻、清爽。转场动效需高效、明晰。"

同时也指出了设计师为什么要做动效，即以下五点。

（1）不同视图之间的焦点引导。

（2）当用户完成了一个手势后，提示用户将会发生什么。

（3）明确元素之间的层级和空间关系。

（4）当程序在后台运行时，分散用户的注意力（例如获取内容或载入下一个视图）。

（5）润色整个 App：个性化、令人愉悦。

也定义了什么是好的动效。

速度：不应让用户有不必要的等待。

明确：转场动画应该明确、简单、一致。应该避免一次有太多的元素动效。

统一：动效是由速度、响应性和意向所统一的。在 App 中的任何动效体验都应保持一致。

Fluent Design System 也详细定义了动效的类型及示意，具体包括"添加＆删除、连续性动效、内容过渡、旋转动效、淡入淡出、视觉差、按压反馈这几大类型，具体如右图。

以上都是针对动效本身的一些官方使用细则，那么我们在产品设计的功能中动效又是如何发挥作用的呢？我们可以把动效分为基础功能动效及情感特色动效两大方面。

其中基础功能动效是指辅助完成某个功能，强化用户对界面的感知，让其感到更轻快并引起用户注意、提供功能反馈等。情感特色动效是指在基础功能部分都满足的情况下，辅助其他有趣的动画或功能，达到让人眼前一亮的效果，娱乐用户，并让他们一想到动画就能想到该产品。

根据以上划分，基础功能动效相比情感特色动效来说更注重解决的问题、当下的用户场景，所以以交互的角度来说，它们需要进行理性的规范和限制。

目的明确原则

这是整体原则的基础原则，也就是在接到动效类需求时的最基础原则，设计师不应该为了设计而设计，应该合理地分析当下的目标。具体来说也就是明确需求背景、动效的商业价值以及预期目标，防止增加无关动效。具体来说，关于目标背景还可以划分为以下几个方面。

明确添加动效的产品背景及传达的产品信息：设计师需要明确需求，明确数据与业务背景，综合衡量整个产品，这里的信息会有很多可能，可以是：趋势、来源、去向、结构、情感、属性等。运用合理的动效传递信息，能大大增强产品的表现力，同时也能减少用户的理解成本。如图所示，产品目标是要引导用户进行分享，同时希望减少分享的路径，以达到增加分享成功率的数据指标。设计师在接到这个需求时，需要考虑在当前播放器视窗下不打扰用户观看，尽量少使用浮层等引导，同时也需要考虑如果缩短路径，用户最可能的分

享渠道是什么。最后，利用按钮动效变化巧妙地引导用户注意，同时登录路径在一定程度上代表了用户最可能分享的渠道。

明确希望到达的预期目标：设计师能够对动效对用户带来的感知有一个大致的预期，明确日后用何数据来考证动效的价值（如 UV 点击率、留存率、满意度、认知度、舆情反馈）。图为微光 App 在当前播放厅下匹配好友的转场效果。顺畅的转场既能够表明匹配关系，又没有让用户跳出播放厅。设计过程中针对精准的目标分析后，就能够预期动效带来的结果，即播放能够增加播放时长。

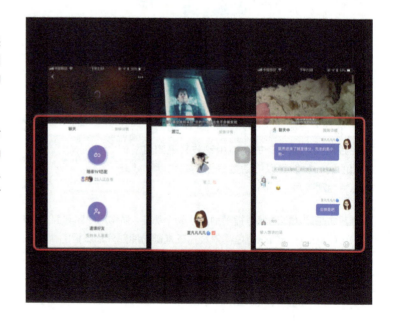

明确该问题是否有必要用动效来解决，同时也要明确当下产品的开发能力。如图所示的点击反馈，能够促进互动效果的强感知动效，但是实现成本很高，设计时需要考虑当下场景的动效的必要性。

一致性原则

　　动效本身属于整个产品组件的一部分，应符合产品的一致性。包括两点：1.视觉一致性：动效中出现的组件样式、UI样式的一致性；2.交互一致性：逻辑原则、出现消失、用户点击、转场的一致性。也就是在端内出现的设计动效能复用的尽量复用。同时也应该紧随市场及设计规范发展，保证动效的适宜。当无法确保用户体验的动效可以采用实验的方法来验证，尝试创新。下图为土豆视频的动效表情设计及底部点击态的反馈样式，尽管属于不同控件，但整体颜色及品牌调性都是统一的以娱乐化、黄色为主的。

效果适宜原则

　　这条原则主要由视觉设计师把控，在考虑好前两个原则后进行视觉效果的呈现，按照上述的官方原则，完成对动画效果的制作。频率不过快或过慢，　动效能否符合用户预期，以及当动效涉及多个元素或者界面层级时，除了有效表现元素属性变化，还应将这些元素之前的关系传递出来，例如主次关系、联动关系、并列先后、因果等。这一原则体验的是动效展现的判断。下图是某答题弹窗的动效，通过对弹窗顶部按钮的变化来明确当前的用户状态，当用户已出局时，点击其他选项会有抖动提示。

聚焦用户原则

此条原则是交互设计师需要整体把控的,我把它定义为聚焦用户,也就是时刻要以用户视角来审视,同时俯瞰整个产品和当下场景。

1. 顺应用户的操作路径与真实场景。

设计师容易在制作时仅针对当下的动效本身而忽略了真实的使用路径。同时,动效展现自然且符合物理现象,配合的交互手势自然友好,提示愉快而不突兀,保障多元素的自然衔接与过渡。

2. 给用户以控制感

一些动效不可避免地会给用户带来干扰,如果范围过大,应考虑动效能否被用户关闭且关闭后的场景体现,给用户以控制,同时让整个设计在用户的把控范围内。

3. 无视觉干扰与障碍

动效应该考虑互斥的情况,一个场景只允许出现一个,同时没有互斥时也应考虑多个东西来回出现导致的视觉焦点凌乱,这时候交互要做的就是, 防止动效与功能操作发生干扰或冲突,同时也防止与动效发生干扰与冲突,在一些场景下多个动效出现时的时间间隔也需要设计师来把控。

情感传达原则

最后一个原则是情感传达原则,也是动效能够发挥亮点作用的核心,就是遵循上述原则后愉悦用户,考虑用户的心理情感,用动效创新体验,凸显品牌特性。下图所示的为熊猫直播的动效展示,有效地传播品牌视觉特征的同时增加了直播动效的趣味性,更能凸显用户花费后的与众不同。

甜蜜新春礼物 套餐内有2支烟花

  动效将被广泛地引入到原型的概念设计当中，然而随之带来的是设计方案的确定与分析变得越来越复杂。影响这些决定的原因中，诸如"这样看起来很炫"，等等，将会让动效设计失去了它本来的目的。所以要求交互设计师有能力把控全局，站在产品高度去判定动效。最后为动效体验设计表汇总。

原则	细则解读	说明和举例
目的明确原则 明确需求背景、动效的商业价值以及预期目标，防止增加无关动效	明确添加动效的产品背景与需要用动效来传达的产品信息	· 要去明确需求，明确数据与业务背景 · 综合衡量整个产品，不为设计而设计 · 信息会有很多可能，可以是：趋势、来源、去向、结构、情感、属性等
	明确希望到达的预期目标	· 设计师能够对动效给用户带来的感知有一个大致的预期 · 明确日后用何数据来考证动效的价值（如UV 点击率、留存率、满意度、认知度、舆情反馈）
	明确是否有必要用动效来解决	· 在产品的不同阶段，对于重点展示的功能有不同 · 是否有使用动效的必要
	明确产品的开发能力	· 了解产品的功能排期、开发能力，控制动效的成本，以便在实现效果与成本相平衡
一致性原则 动效属于整个产品组件的一部分，应该符合产品的一致性	保持内部的一致性	· 视觉一致性：动效中出现的组件样式、UI样式的一致性 · 交互一致性：逻辑原则、出现消失、用户点击、转场的一致性
	保持给用户统一的品牌感知	动效是体验品牌感知的重要元素之一，在设计时应综合考虑品牌呈现
	保持与时俱进	紧随市场与设计规范发展，保证动效的适宜。 无法确保用户体验的动效可以采用实验的方法来验证，尝试创新
	继承平稳发展	迭代平稳，动效开发难度高，尽量防止短时间内开倒车
效果适宜原则 效果符合用户场景，有效地传递产品信息	动效出现频率、展现次数适宜	频率不过快或过慢，保证能够准确辨识且不打扰用户
	动效的流畅程度和视觉展现强度适宜	· 指向性明确 · 元素层级结构及交互明确 · 能够展现用户此时的状态 · 展现程度、强度适宜此时场景 · 符合品牌特质
	动效的持续时间及速度变化适宜	· 能够快速精准响应 · 持续时间能够适宜此时场景
	有效展现元素之间的关系	动效涉及多个元素或者界面层级时，除了有效表现元素属性变化，还应将这些元素之前的关系传递出来，譬如：主次、联动、并列先后、因果，等。
聚焦用户原则 以用户的感知和操作路径出发	顺应用户的操作路径与真实场景	动效应更清晰地体现内容元素之间的逻辑和层级关系，帮助用户理解上下文、知道当前所在位置
	遵循真实的自然物理状态	在宏观物理世界（人类可观测）的所有的运动，都是符合经典物理定律的，动效不自然，也就是源自运动方式并不是人们日常生活中常观察到的，用户无法从运动来想象其背后的物体属性及关系。
		· 动效展现自然且符合物理现象 · 配合的交互手势自然友好 · 提示愉快而不突兀 · 保障多元素的自然衔接与过渡
	给用户以控制感	· 考虑动效能否被用户关闭且关闭后的场景体现 · 动效能否符合用户预期 · 是否顺应用户的操作路径
	无视觉干扰与障碍	· 视觉焦点的唯一性 · 防止与其他功能操作发生干扰或冲突 · 防止与其他动效发生干扰与冲突 · 多个动效出现时的时间间隔控制，设定逻辑
情感传达原则 创造英雄动画	动效应具有感染力与创新	动效让人眼前一亮，娱乐用户 英雄动效让用户看到动效就能想到该产品
	动效应顺应官方原则而突出差异性	· 在保持一致性与官方原则的基础上，考虑用户的心理情感，用动效创新体验 · 增加界面的活力与亲和力

253

交互设计项目作品该如何包装

最近做了挺多 PPT，突然间想总结一个关于交互设计师"包装的套路"。

需要声明的是，这里的"包装"是指在自己真实项目设计产出的基础上进行合理呈现，以能够彰显设计师能力和专业度，为设计增加说服力的过程。并不是做虚假的项目或者夸大自身作用。

交互不等同于视觉，但也属于设计范畴，所以也需要用作品集作为项目展示呈现，再加上"全链路设计师"概念的推广，交互、视觉由同一人完成，综合考虑需求也未尝不可，所以作品的呈现不仅代表交互设计师本身对产品的逻辑分析能力，在一定程度上也代表着交互设计师本身的视觉技能和审美水平。

所以，这里的"包装手段"往往等同于你的综合能力水准，其中包含逻辑分析能力、总结能力、语言表达能力（需讲述时）、文案水平、视觉审美能力、细致耐心程度、工作态度和个人风格。

包装手段一：为你的设计找个理由

这是很重要的"包装手段"，也是交互设计师的必备技能——就是接到需求之后采用了何种方式进行设计，以及产出后论证自己设计的过程。

一定要记得，任何事情都是有方法的，同时，任何产出都希望能够有合理的解释。作为理性逻辑的交互设计师来说，没有"感觉不错"这一说。

闲暇的时候我还喜欢刷刷"知乎"，看看一些戏精大佬如何把一些简单问题用各种论证手段写了那么多字。当然了你也可以刷刷"知网"，来看看什么是严肃认真的学术逻辑方法论（如果你是设计学科的研究生毕业，在论文压力重重之下，一定会熟悉很多很多方法论，都可以用起来哦）。

1. 已知设计原则解读

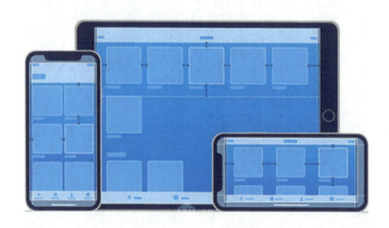

一般用来给已有设计的优化。

官方给的一堆设计原则就是你能依靠的方法论。

这里有个基础链接给大家：
https://developer.apple.com/design/human-interface-guidelines。

同时，也有一些走查原则可以运用，比如尼尔森的十项可用性原则。

📖 尼尔森十项可用性原则

序号	原则名称	说明
1	系统状态可见	系统应该在适当的时间内做出适当的反馈，告知用户当前的系统状态
2	环境贴切原则	产品应该使用用户的语言来"说话"，使用用户熟悉的方式、词语、概念，符合真实世界中的习惯。比如95后的二次元社交软件和专为职场人士设计的产品，所使用的语言一定是不一样的
3	撤销重做原则	用户经常会在使用功能的时候发生误操作，这时需要一个非常明确的"紧急出口"来帮助他们从当时的情境中恢复过来，需要支持取消和重做
4	一致性原则	同一产品内，产品架构导航、功能名称内容、信息的视觉呈现、操作行为交互方式等方面保持一致，产品要与通用的业界标准保持一致
5	防错原则	在用户选择动作发生之前，就要防止用户容易混淆或者错误的选择
6	易取原则	将用户的记忆负担减到最小，提供可选项让用户确认信息，而不是让用户去回忆
7	灵活高效原则	为用户提供捷径。好的软件不但考虑到新用户的需要，也要考虑到熟练用户的需要，不但应对新用户来说简单易学，还要对熟练用户来说快捷、高效，尤其是可以方便地使用频率高的功能
8	易扫原则	用户界面应该美观、精练，不应该包括不相关或者不常用的信息。任何多余信息都会影响那些真正相关的信息，从而降低它们的可见性
9	容错原则	用简单明确的语言解释错误信息，精确地指出问题的原因并提供有建设性的解决方案
10	人性化帮助原则	提供帮助信息，帮助信息且易于查找，聚焦于用户的使用任务，列出使用步骤，并且信息量不能过大

举个例子：一致性原则

话术：端上 XXXX 和 XXXX 在交互展现上缺乏一致性，所以进行了体验的优化，优化之后 XXXX 就符合了一致性的原则。

2. 竞品分析

竞品分析是一个大的类别方式。一般来说针对不同目标我们还可以拆分小类方法。

设计时针对不同的目标我们的阐述方式也不同。

例如：针对依托于某个功能寻找优化的，就是专注体验细节。针对上线新功能的，就可能是罗列盘点市场竞品现状。

分析完之后的总结就是交互输出的很重要的部分，这些都可以作为这个项目作品的前期铺垫"包装"。

也就是通过竞品给自己设计找"理由"，这些"理由"如果论证足够充分，甚至可以上升到提炼设计原则。

下面这个案例是分析竞品到总结竞品的过程，产出的理论将辅佐设计。

话术：通过总结出 XXXX 场景下的竞品及竞品的表现 XXXXX，可以得到这样的结论 XXXX，所以适合我们端上的场景设计方案应该是 XXXX。

3. 分析产品数据

不同产品不同场景，产品数据都不一样。

交互设计师需要有很强的数据分析能力，以数据挖掘体验，寻找方法。

而且需求的背景很多是因为产品数据而产生的。

包　括：DAU、UV、PV、次留、各种展现率、互动率等。

例如：某场景的互动率很低，交互设计师分析发现是因为互动入口隐藏过深或者互动方式成本过高导致，所以进行了优化。

设计方案的产出也是由AB、AA 实验出来的数据结果来确定的。

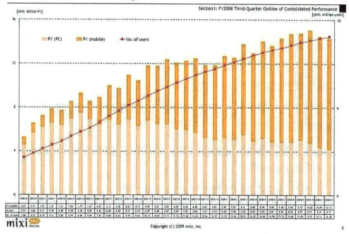

分析得越深入，说明越是交互老司机，一下子就能从数据发现问题，推动并解决问题。

话术：因为在这个功能场景下 XXX 数据不高，设计上采用了 XXX 形式来增强 XXXX。最后效果 XXX，提升了 XXXX。

4. 用户研究

采用定性定量结合的各种方法。

推荐一本书：《设计调研》（电子工业出版社）

这本书讲述了各种类型的用户研究方式，访谈法、跟踪法、眼洞仪、脑电等，通过一系列的研究方法，发现体验问题。

5. 学术理论及研究结果

同时，一些纯人机、纯心理学的研究数据，往往也是会运用到设计中去的。

当然了，这些理论往往也是根据上一节的用户研究产出的。

这些学术研究，科学性往往更高，也更深入，准确运用到设计中来也会有很明确的正向效果。

用理论辅佐支撑设计方案是一种很容易凸显专业性的"包装手法"，因为理论的积累需要大量的时间和知识沉淀，而且需要多看书才行。

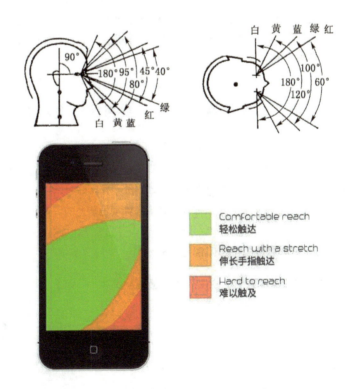

包装手段二：不说大白话，优化文案，凸显专业性

如果说上面一章节是设计的过程，那么有了论证过程又有设计产出，就算完成设计过程了。接下来都是润色过程。既然是"包装"，文案包装是必不可少的。

通俗讲就是，设计不能说白话，要一本正经地用书面语夸自己。

"所以我觉得这样排版顺眼！""逻辑行得通就用这个方案！"

这种是不能突出专业性的。

那么怎么是专业的呢？我这里要说的是，如果没有个人的文字风格喜好，多看交互设计学术类的文章是很快能够提高文案水平的。如果没时间看，我这里列举一些词汇来表扬自己的方案好，当然了你还可以润色得更好。普通文案如下。

增强了情感化与趣味性，减少了用户焦虑

传递产品调性与理念，彰显品牌

吸引用户的注意力，视觉焦点清晰，信息层级明确

丰富场景，愉悦用户，加强多感知，聚焦主路径，后期扩展性强

缩短了用户路径，提高用户效率

给用户以控制感，符合用户预期，符合用户心智模型

反馈及时且明确，遵循用户行为路径……

实践案例

白话版：LOGO 要大，slogan 放中间，用几种颜色的图表呈现了流程。

包装版：我们按照信息的重要程度来组织页面排版，突出展示关键信息。将数据可视化，让用户可以直观地了解关键信息及整体情况。合理地使用颜色及栅格排版，减轻用户的视觉负担。

包装手段三：大声告诉别人"我的视觉也不差"

喂！不是视觉做得不好才来做交互的，好吗，亲？

交互设计师是能胜任视觉设计的，只不过是在交互领域垂直深耕了，一旦拿起视觉来，虽然不如视觉设计师熟练度高，但还是能够完成的。

好了，作品集、项目总结汇报就是彰显你视觉能力的，对吧？

1. 运用一些元素排版让整体视觉感高一些

枯燥的交互稿里面，往往需要点缀和视觉冲击力。和交互稿有关的点缀有三个：

A 各种姿势的手

B 使用设备

C 一起的场景

当然了，如果有手绘草稿也是很漂亮的，同时也是一种故事版的阐述形式，对吧？

运用好这三个，排版就会漂亮起来了，见右图。

2. 各种流程、数据的可视化

无论是你的论证过程，还是你的设计流程、需求本身，都是流程，对吧？

进行数据分析时还会有数据，都可以以视觉化直观地呈现，体验会很好。

不举例子啦，可以百度搜"信息可视化"，实在不行再百度"PPT 模板"。

3. 什么都懒得弄，就用对齐、整齐

整齐 + 合理留白就是美。

举个例子，见下图，展现得清楚是关键。

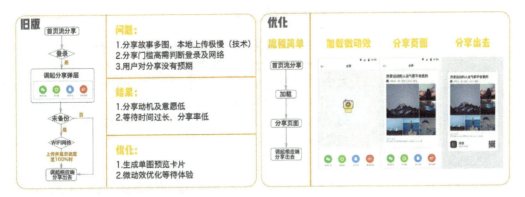

包装手段四：独特性的彰显——"我就是我，不一样的烟火"

个人风格属于深度包装，在前几个的基础上，发挥个人的优势，可以是性格上的，也可以是特长方面的。

例如说有人文案写得好，就可以突出文风特点，以文字吸引人，表现个人特征。

例如说有人会摄影，也可以以摄影元素进行视觉美化。

我们经常看到很多设计师的文章很火，个人 IP 做得很好，一方面说明这个人分享的干货很多，另一方面也说明了这个人运营自己的能力比较强，也就是凸显了自身的特点优势，有时这些特征能够掩盖你的设计缺陷。

当然了，沉下来做设计才是王道。

雨成
腾讯视觉设计师

站酷200万人气推荐设计师,昼夜计划发起人。曾负责荷包金融、站酷高高手、腾讯医疗旗下等一系列视觉设计,崇尚简约设计,希望用最简单、最少的内容,打造最大化、好体验的产品。

UI视觉设计师突破和独立

大家好,我是雨成,很荣幸能在"火花集"中和大家聊聊设计,聊聊艺术。很多人都知道我是一枚专科生且有过些大厂经历,借此机会和大家聊聊在设计艺术上的一些思考,涉及动效逻辑和目标驱动力、自我规划等一些问题。下面直接开始吧。

专科生独自远征

我是一名腾讯视觉设计师。最早,也就是三年前,实际上我一直在学习代码的过程中,在前端后台各类代码中度过了我专一的生活。二年级加入学院的工作室(校企合作,实际是外包)担任视觉设计师之后,自己才开始慢慢地对设计有了理解和热爱。不过写代码的那段时间并没有浪费,它在某种意义上提高了我对某些东西的认知以及思维逻辑的转变。

(图一 在校期间参加创业比赛)

(图二 代码示意图)

在校期间，每天自我驱动学习的时间高达 12 小时，还参与了大量创业类的比赛项目，比如创业计划书编写、创业大赛、设计大赛等。学院工作室每位同学实际上都有相应的岗位以及目标指标，你们觉得在校期间仅仅在工作室待着就能快速成长了吗？

并不然，每个同学的成长时间都是一致的，每天都是 8 小时固定，我们拿什么超过别人？**其实是休息时间、周六日等！**每天我在完成学院课程的同时，腾出来几个小时做自己的项目和练习，每个月能比别人超多出 100 小时的学习时间。如果你也如此坚持，一年后你也可以发生蜕变。

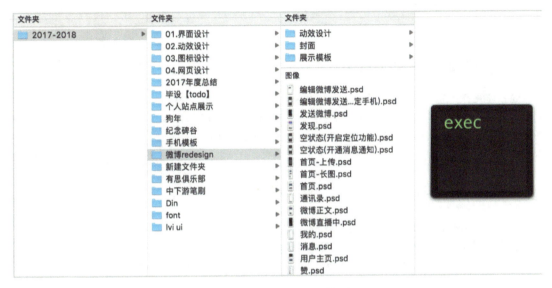

（图三　个人每年练习项目整理）

图三是计算机里的一些文件规整，从 2015 年开始，每年都会有很多不同类别的学习突破计划，保证每年每个月都在学习成长中。如果你也是一位在校大学生或者想要转行的同学，我可以给你们几个很好的建议。

- 不要害怕学历比别人低，能力最关键。
- 不要觉得学院有些课程枯燥乏味，多参加各类比赛对你有帮助。
- 不要沉迷游戏，每天保持学习的热情最少两小时（甚至周末）。

用目标来驱动成长

这一章开始进行干货环节。首先讲讲在设计艺术成长中，目标驱动成长的一些心得和方法！

记得早些年我自学的时候，每天会陷入一种死循环，那就是无意义和无目的性地去临摹或者创作，到头来发现成长缓慢，甚至没有效果。直到后来开始用目标驱动的原则来执行才有了进步。这需要有一个最终的目标愿景，以及在多个最小时间节点内完成，期间还会有很多场景的融入。接下来好好聊聊。

目标驱动就好像我们在拍一部电影，里边会有很多的镜头和场景，我们要做的就是写出中期要达成的目标，可以将它们细化到生活当中去，如达成之后我会获得成就感或者什么奖励等。

首先你要想想，未来三年要成为什么样的人，到达什么样的高度等。例如，想成为站酷推荐设计师，或者想加入某个心仪的大公司修炼，又或者想创业开一间工作室来实现更多目标，也可以是把英语学好之类的，不仅仅是设计上的。

```
01.设定未来目标
        ↓
02.要满足什么条件
        ↓
03.量化完成时间
```

第一步：未来的目标或者成为的角色

这一步是开头的一步，但是希望它是实事求是的，并符合你们目前的情况。我按照我自身的经验做一个参照：17 岁的时候开始设想未来角色以及目标，比如我设定的是 **两年内能加入腾讯公司工作。**

第二步：我需要满足什么条件

如果人人想着能成功，那世界上都是伟人。第一步如果我们制定好了，接下来的一步很关键。例如我的愿景是两年内加入腾讯工作，那么我需要满足什么条件才能完成这个愿景？

首先我会把满足的条件列举出来。
- 成为站酷推荐设计师（知名度、活跃度的体现）。
- 有 UI、插画、图标、动效等方面的作品集。
- 有至少一套个人风格作品产出。
- 一家背景很好的公司工作经验。
....

当我们把这一步整理清楚，我们就会把目标拆分细化了，从"我如何两年内能加入腾讯工作"变成"我两年内加入腾讯需要满足什么条件"这一个思维了。接下来就是把条件量化成时间。

第三步：量化时间

有了上述的四点条件需求，我就可以开始量化自己的时间安排了，时间会证明你的努力成果。首先继续学会拆分，比如第一点：我要成为站酷推荐设计师，那么最低的标准就是有三个首页推荐的视觉作品，活跃度高。当你了解这一个需求难度之后，就可以开始量化了！

例如我一年内要上三次站酷首页，每 90 天努力出一套作品或者风格等。那么优化之后，这一点就变成，我第一个 90 天需要画 30 张插画（平均 3 天一张），或者一套 App 视觉作品等，那么目标显而易见就很清晰了。剩下几点继续拆分，你就会发现其实你有很多的事情还没有达成，需要更努力！

> **2022年 需要达成的指标**
>
> 02.公众号运营拥有50万粉丝
>
> 03.知乎拥有3万粉丝群体
>
> 04.创业资金约50万左右（租金、人力成本、设备成本）
>
> 05.学习专业的管理、运营、创业等知识
>
> 06.站酷奖项、证书预计拿五项
>
> 07.学习专业音乐知识、创作10首原创词曲和演唱。
>
> **2018年 需要达成指标**
>
> 01.站酷拥有2万粉丝，参与2018优秀毕业生作品展（进度20%）

　　这是我的一个中长期的计划目标，虽然现实会有很多的外在影响因素，但是只要我们努力，随时警惕心中的目标，时间会给我们答案。

总结：目标驱动的案例做法

① 我的目标或者未来角色是什么？
　　加入腾讯公司

② 我需要达成什么条件？
　　1.成为站酷推荐设计师
　　2.有UI、插画、动效等作品集
　　3.有一套体现自己风格的作品
　　4.有一家背景很好的公司工作经验

③ 量化时间
　　1.第一年站酷上三次首页
　　　1.1每90天上一次首页
　　　　（每次发30张插画，平均三天一张等）
　　2.有UI、插画、动效等作品集
　　　2.1做十个动效作品
　　　　（先花10天学习软件使用，10天分析大师作品，30天创作等）

　　做法大致就是如此，由于计划太长、太细致化，我就不一一列举，大家可以通读几遍，跟着进行，找到你的中期目标，并付出努力！

如何做好视觉作品

剥离炫酷的外表，追寻产品设计自身的使用，在使用中刻画细节，让界面融入简约而不简单的美，是我们商业设计的较高境界。

很多同学刚入行的时候，做设计会优先考虑视觉的冲击力，但是 UI 设计并不是让你去做得多酷炫，而是应该符合产品调性以及用户需求。如下图所示，这是我早几年设计的一款待办事项应用，你们觉得有什么问题呢？

这样一看视觉非常酷炫，色彩搭配协调，但是真的是用户需要的吗？用户第一反应是被颜色扰乱想法，甚至降低了阅读的成本。另外右侧的内容确定是最重要的吗？交互上是否存在问题呢？那么如何去做简约而不简单的设计呢？

下面分享两个案例，其分别是高高手项目以及 Todo 产品，它们会涉及以下几个点的分享。

- 我们要如何打造用户体验好的产品？
- 工作中如何建立组件化的规范？

案例一

Todo 是一款待办事项的产品，也是我毕设构想的部分内容，那么我们要如何打造一款有创意并且符合主流的用户体验的产品呢？首先要明确我们产品的出发点，那就是解决用户快速新增事项、完成时把事项关闭的基础功能。其次才是其他的辅助功能，例如如何设置事项的提醒时间、最后提醒时间等。下面是我最开始的一个首页原型图。

（我的最小原型图）

首先，我绘制一个最小原型图，其基本包含了产品最基本的功能，但是体验比较差。我们分析会发现，缺少编辑事项提醒时间的入口、看不出这是哪一天的事项，还缺少一些数据规整功能，以及添加今日事项的交互未知等。

| 无法编辑提醒时间 | 看不出是哪一天事项 | 没有数据分析功能 | 添加事项交互未知 |

根据上边的分析，我们会明确最小原型上出现的问题，逐一思考优化，最终让其成为一个可使用的优化原型图方案。

（优化原型图）

得到优化之后的最终原型图，我们就可以着手视觉介入了。先确定好整体的风格方向和主色调以及图标风格，可以开始第一期的视觉方案设计。

案例二

高高手是站酷旗下教育品牌，是一款线上直播互动教学的产品。工作中，我们在视觉介入阶段一般都会拿到类似右图这样的原型图。

一般见到这种需求，如果盲目进行视觉介入很容易出问题，因为你还未了解产品的用户需求到底是什么，以及哪些区域应该做可视化等。一名合格的 UI 设计师，并不是色彩填充师，我们也要在开始做之前，把疑问抛出来，来验证我们的想法。

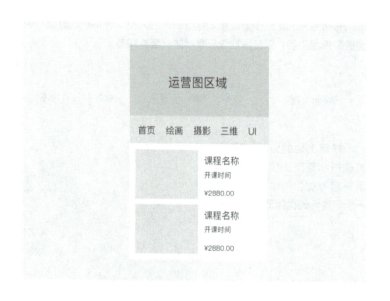

我们先要了解清楚产品受众的用户是谁，用户的使用场景是哪里等一些用户旅程分析。以下是一些之前收集的用户反馈数据。

- 需要快速找到想要的课程，或者在不了解目的的情况下快速给我一些感兴趣的内容。
- 我是伸手党，我需要快速看到免费的课程。
- 我是高端用户，请给我最好的直播课程。
- 我需要快速看到我学习的进度。

很明显，目前的原型图还缺少筛选的入口，其信息层级归类不清晰，也无法判断是否直播等。

当充分了解了用户的需求，我们就明确了设计的目标是什么。

01.快速筛选功能的一种处理方式，解决满足用户的快速找课需求

02.筛选功能、排序功能的设计方法

03.信息层级的重组，给用户看他需要看的信息，比如讲师、价格、是否直播等

- 要把快速筛选的模块提出来，不能做隐藏，减少一步操作。
- 要有筛选的入口满足我们这种伸手党的需求。
- 要做信息层级的拆分，直播类标签需要提取出来。

很多时候，设计师是解决用户问题的，他不应该是为了美观而美观，应该是解决用户最基本的需求体验的。另外信息重组也是很关键的一个点，需要合理地把重点信息释放出来呈现给用户，减少理解成本。

其次，在做新产品或者练习之前，我们都需要明确几个点，就是我的产品性格关键字是什么、我的产品主色调是什么 、 我的产品风格是什么、我的产品图标风格是什么等问题。

当我们搞清楚了这几个问题，就会减少接下来的工作时间，也会减少改稿的次数。比如高高手的性格关键字是简约、设计感，颜色是品牌色等，在设计过程中就开始不断地把品牌规范制定好，后续的沿用就会减少大量时间以及提高说服力。

接下来是设计师的另外一项需要突破的方法，就是要学会做**模块化规范**，这会大大减少你接下来的修改时间，以及让整套视觉看起来更合理。

右图是一个示意图，在设计一款产品的时候，就要有意识地为后续的界面做风格延续规范制定，比如**左右两边间距的规范制定、模块之间上下的间距、文案主副标题的字号、正文的字号规范等。**

在工作和练习中如何做出好的动效

可能有人会问我们为什么要做动效设计？动效作为一个更高效、更灵活的信息载体，可以在有限的时间内呈现更好的视觉效果，也是目前高质量 App 不可缺少的信息载体之一；还能为静态页面提供更清晰的信息关联形式；我们能通过动效设计与用户之间互动，产生共鸣！

一款好的产品，一定多多少少会有动效的介入。接下来会对以下几点进行讲解。

1. 如何在平淡界面中融入动效

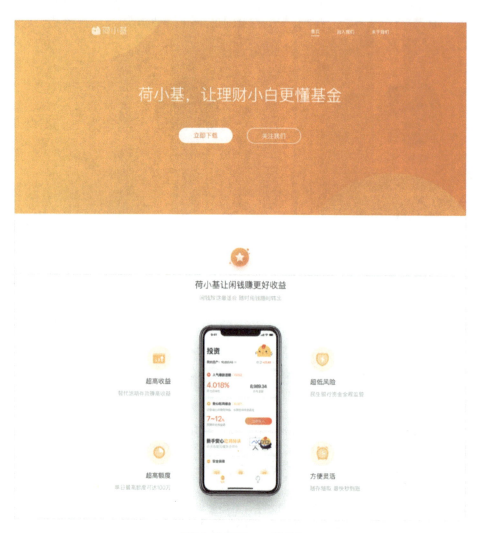

（荷小基官网，可体验）

这是年前的一款产品页面，看起来中规中矩，但是缺少亮点！如何打破这个格局呢，那就是融入动效来辅助产品。首先带大家分析一下，我的设计初衷是什么。首先上图我融入了左右两个圆圈，它们是为了做循环动画而设计的。那么还有什么地方可以融入呢？看下面这张步骤拆分图。

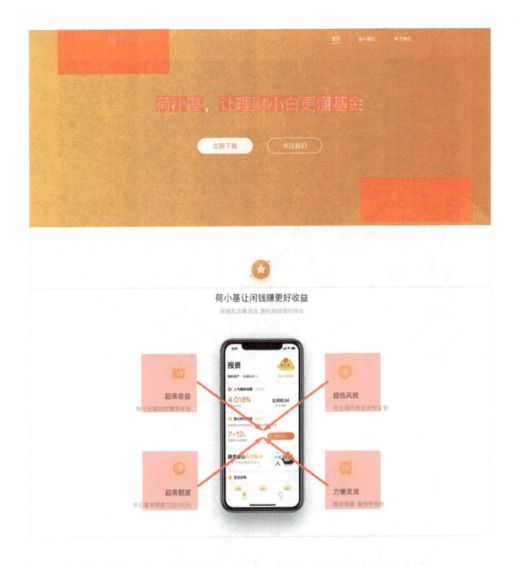

  大家不妨仔细看几分钟，分析一下我当时的想法。实际上在这个平淡页面上我融入了 3 种动画：第一个是 onepage 的两个圆圈循环动画；第二个是重点文案逐个进场，吸引用户多次阅读 ； 第三个是第二模块的 4 个图标隐藏在手机底下，滑动的时候出来。

  实际上在平淡页面中融入更好的动画，需要不断地思考，在做设计的同时就要考虑动画的存在，不管最终能不能实现。我在设计这个网站时，就是基于动画的存在来实现布局和结构的，并总结出以下几点。

  动画基本模式有：不透明度改变、位置改变、缩放改变、旋转改变（可同时叠加）。

2. 如何锻炼自己的动效逻辑思维

  在平时日常工作和练习中，动效都是能提高品质感以及体现设计表现力的比较基础的方式，下面我们聊聊如何锻炼自己的动效逻辑思维。

  首先和大家说的是，这件事并没有捷径，需要通过不断的分析和练习来提高。那么怎么去执行，下面我会和大家细细聊一下。

(1)如何分析别人的动效作品

我用以下三张图做一个示意,首先在构思时,希望用户滑动进来的时候,是由一台大型的汽车,向上缩小,再把左右可切换的车做一个大小比例关系,通过左右切换的时候汽车之间做一个大小变化和文字的变化。

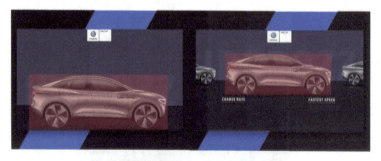

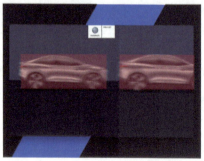

这是分析别人动效的方法,其实就是多次观看、反复观看和思考的过程,并且记录到脑海里。下面推荐一些常用到的动效学习灵感网站。

Dribbble 就不用多介绍了，是全球最大的设计灵感聚集地，我一般会在上边建立很多文件夹，比如 loading 动画、转场动画、翻页动画等，整理得越清晰，后期参考的意义就越大。另外，**要多去观看 Android 还有 iOS** 的动效官方案例，学习"巨人"的动效方法，对商业案例很有帮助。

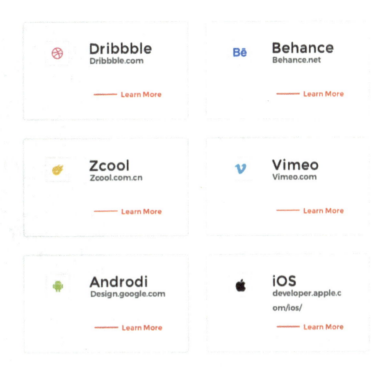

（2）自己主动练习

万事只有自己主动练习并掌握了才有作用。平时可以多做一些概念性的尝试，例如我要做一个艺术类的网站，如何融入动效呢？

上图是我们一个粗糙的原型图，那么你们认为可以融入什么动画呢？

首先可以考虑在文字上做动画，比如右侧的图片上下滑动切换的时候，左边的文章模块有一个淡入淡出的动画，又或者有一个向上浮动消失切换的动画，又或者右侧图片上下滑动的时候有一个淡入淡出的动画。怎么做，要靠自己多去思考和尝试！

3. 如何和开发人员对接动画

工作中有 4 种常见的动效交接方式，接下来会一一介绍给大家。

（1）使用 png 序列

png 序列是比较常见的一种动效落地方案，兼容性高，但是 png 序列会占用较大的空间，一旦动画多起来，对产品整体流畅性有挑战。优点是可以把动画高度还原！

（2）使用 gif

gif 是 Dribbble 常见的动画文件格式，很多新手可能误认为动图就是 gif 格式的，但是 Android 设备没有提供原生 gif 的 API 支持，且同样占用较大的空间，清晰度不太理想，在这里不是特别推荐这种方式！

（3）使用 Bodymovie 插件导出 json 文件

可能很多小伙伴都了解过 Bodymovie 插件了，它配合的软件是 After Effect，我们用这个插件可以把动画导出 json 文件，直接和开发对接，支持渲染 svg/canvans/html。并且开发可以控制动画的暂停与播放，这意味着 Bodymovie 导出的 json 文件是非常便捷且可编辑的一种方式，在这里推荐大家作为首选。具体插件安装方法可以自行百度一下！

（4）手动标注

目前还是有很多的产品需求，需要用到手动标注这个比较枯燥的工作，但是也是必不可少的，一般情况下转场动画、元素模块进场等用得比较多。一般要在文档写出元素名称、元素贝塞尔曲值、变化的属性（缩放、位移等）。下面进行一个案例的讲解。

这个案例，我们需要给到开发的文档是什么呢？首先分析一下，运动元素是汽车，变化属性是缩放和位移，贝塞尔值是多少，具体看你们 AE 调节的曲线了，运动了 250ms。然后等汽车缩放位移之后，对应文字从不透明度 0 变为 1，那么怎么写这个文档呢？

实际上会更复杂，这里就不一一举例，大家可以参考我的方案来研究，来完善，并运用到你们的商业项目中去。

（案例解析）

元素名称	变化属性	贝塞尔曲值	运动周期
大众车	Position（位移）		Y 轴运动：120px~560px 运动时长：1750ms~1900ms
	Scale（缩放）		缩放属性：100%~75% 运动时长：1750ms~1900ms

坚持不懈、大步向前

1.UI 自学提升的方法

自学其实是能最快提升的方法，它能锻炼你的思维和解决事物的能力。

其实我这个方式是一个循环渐进的方式，大家可以自由配合安排。下面一一进行讲解。

（1）制定昼夜学习计划

我们常说："站在岸上学不会游泳"，设计修行之路也是这样，不动手永远不知道自己的水平纠结到了什么地步，差距在哪里，所以这一步就要讲讲如何制定可行性提升计划。很多朋友问我，关于一些四昼夜计划的内容，我就在这里说一下吧。

首先，四昼夜计划仅仅是我起的一个计划名称，一个昼夜分为 28 天，一个昼夜会有一个核心学习领域和目标。四个昼夜为一个季度。

例如，我当初认为自己的图标设计非常欠缺，我就会提取出这个元素，作为一昼夜的核心学习主题。

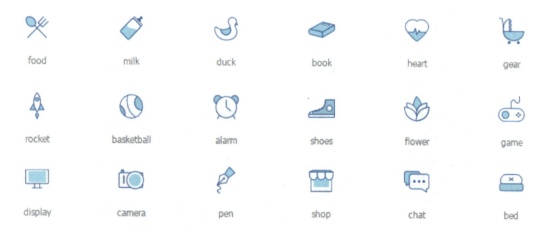

一昼夜计划核心：图标综合训练

训练包含线性 ICON 绘制（200 个）、填充型 ICON 绘制（200 个）、主题型 ICON 绘制（100 个）、扁平微拟物 ICON 绘制（100 个）。

有了这四项综合训练之后，我们就可以清晰地知道自己的一昼夜 28 天要达成什么目标，一项为 7 天一周期，也就是第一周提升任务为线性 ICON 绘制……以此类推，直到一昼夜达成，过程辛苦，大家都懂的，过后你会感谢曾经努力的那个自己。

我一般达成一期昼夜计划会小小地奖励一下自己，比如给自己买件新衣服，买一款喜欢很久的手表……当你完成四昼夜之后，还可以奖励自己休息几天去旅旅游呢？所以，我认为，只要努力够了，你想怎么放松都可以。你会为自己感到自豪，加油吧！

看到这里，计划部分就算完结了，但是你的计划必须切合实际，看看目前哪一项技能最弱，最需要提升。好了，快动起手来吧。

（2）自己给主题练习

我早前也非常喜欢在 Dribbble 发作品，很多朋友问，你哪来那么多需求？其实很多是自己给自己的需求，比如我之前给自己指定的一个旅游分享照片的 App 产品，那么我就会先用纸笔绘制交互草图，然后制定主色调，再输出视觉，达到一个锻炼思维和视觉的一次练习。

大家可以根据自己的练习目标，自由发挥。比如画 30 张插画，每一张主题是什么？比如做 30 个 UI 动效，那么每个主题是什么？等等，坚持即可，时间会给你答案。

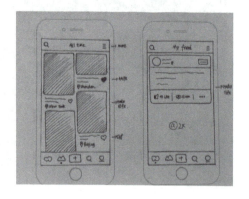
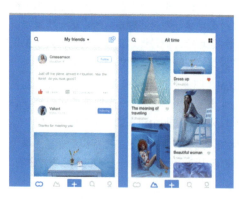

（3）改版上线的优质产品

这一步，我建议是有了大量的练习过程和工作经验再去进行，因为这时候你对交互和视觉的判断会更准确。一般改版的过程是先反复使用同类产品，找出产品的不足，把交互方案罗列出来优化，之后对视觉不足也做一个判断，从交互层到视觉层做一个分析。

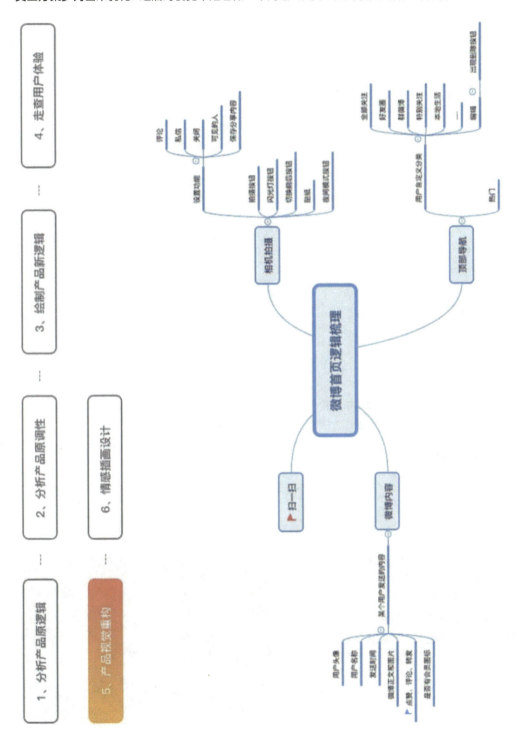

（微博首页间距逻辑梳理V2017）

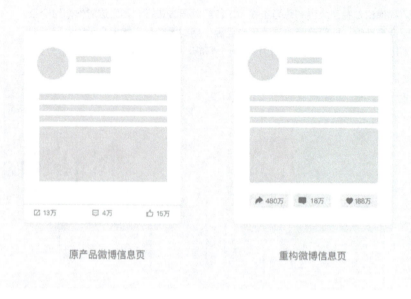

(原产品微博信息页)   (重构微博信息页)

(旧版菜单栏)   (新版菜单栏)

这一步可以参考上述的几个步骤，拆分找出竞品的交互问题、视觉问题、图标可视化的问题，一一去优化。改版是一个很庞大的过程，建议多费些时间和心思。

2. 聊聊我遇到的坑和有趣的事

这些年遇到过很多的坑，吃了不少亏，其中不一定是设计上的吃亏，有些更是心态上的。

浮躁的社会

到了结尾，我想和你们聊聊心态的问题，这是很多年轻人都会经历的一个时间节点，重点在于你怎么去看待它和跨过它。

社会的压力和躺下换来的安逸感是在给每一个人放松的理由；现在便捷的通信系统在很短的时间内就让我们获取了大量的信息，这会使人陷入浮躁的状态。

一年前，我非常浮躁，浮躁到什么程度呢？我会想着一个月学好 c4d，一个月学好插画视觉，总是想着一步登天，没想到却是越走越远！以前我也发布过很多的站酷作品，并获得编辑推荐，但是后来我仔细想想，到底是为了什么再发这些东西，是内心的虚荣心吗？因为本质上我觉得以前的东西确实经不起时间的考验。

那我为何不能把之前想着一个月学好 c4d 发作品的思想，转变为花 1 年时间学呢？这个行业入行门槛低，沉淀成本太高，导致大家都想着速成，去获得知名度和虚荣心。但当我走了那么多弯路后发现，沉淀下来之后，做的东西会特别成熟，而且经得起考验，这可能才是我们应该去做的点，不能因为浮躁而想着走捷径，时间终究会给我们答案。

所以，希望大家都能把浮躁的心放下来，好好做事，认真做每一件事！

3. UI 设计师未来规划

在全球智能化趋势下，很多岗位或行业可能被颠覆，设计师需要时刻保持警醒，着眼于未来的设计之路。

如果你是有较强设计技法能力的视觉设计师，如插画、品牌，那么建议你可以继续深入做好这个方向成为专家；如果你是执行层面的视觉界面或交互设计师，那么接下来几年你的职业生涯发展很可能受限。很有可能几年后部分界面或交互设计师岗位会被智能化机器或系统替代。

企业最需要的人才是能够为业务提供解决方案的设计师，而不是只会执行的设计师。那些长时间只停留在执行层面的设计师发展前景堪忧。试想，如果设计师用户研究交互视觉都能搞定，还需要视觉设计师吗？

我接触过的很多设计师都遇到这样的发展瓶颈，他们比较迷茫。我建议设计师首先进行自我分析，确定自己的职业发展目标，然后去有计划地规划自己的职业发展方向。如果你不想每天画插画、不想每天做品牌运营设计，而想做产品界面方向设计，建议你先多维度去深入了解业务，提高看问题的视角，学会发现业务问题，学习并运用设计思维和方法去全链路提升产品用户体验，帮助企业去提供解决方案，尝试用设计去驱动产品创新。

用户体验设计领域的设计师进化史，在我看来是这样的：美化制作工－界面视觉交互设计师－高级界面视觉交互设计师－资深视觉交互界面设计师／专家－全栈设计师，前四个阶段是专业层面的阶段，全栈设计师是设计师发展的方向，这个方向的设计师需要具备跨专业、跨学科的知识，仅凭本科或者研究生学习的那些知识或不足以支撑，需要积累知识、经验后，用发现问题的视角去抓住一切可能的机会，自我修炼才可以达成。

周雷

我的理想是做一个伟大的科学家，微信公众号：别叫我设计师。

如何提升界面品质感——界面中的结构

本文来聊些设计的基础部分。在设计工作中，我们总会接到不同场景、不同目标用户的业务需求，需要不同风格的设计方案支持，但无论是什么风格的设计，用户都会有一个共同诉求——"品质感"。

什么是品质感

所谓品质感其实就是产品给人的一种严谨、专心对待的态度。同样一本书的封面，粗糙纸的封面和细心打磨的小羊皮封面就是不同的概念。例如，无印良品和爱马仕，两者都会传达给用户一种"品质感"，虽设计方向不同，但它们有一个共同的特性——对细节深度打磨。其实品质感就来源于产品对细节的深度考究与打磨。

无印良品

爱马仕

一款有品质感的设计，随之带来的是用户使用中的舒适度、好感度、信赖感。

界面中的品质感

界面设计也一样，也会带给用户一种品质感，其同样源于设计师对界面的每处细节的深度考究。

界面的品质感主要来源于界面的四个维度，如界面中的结构、图形、颜色和动态，**这里来说说如何通过结构提升界面品质感。**

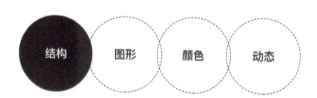

界面中的结构

界面中的结构在用户体验中起着重要作用,其相当于界面设计中的"骨",界面结构的细节更是会直接影响整体设计的品质感。那么具体结构中的细节体现在哪里?我尝试把界面中的结构归为三类。

1. 关系

所谓关系就是指界面内各元素间的组合与排布,存在于界面设计之中。若界面设计脱离了关系的处理,其信息就变成了平铺的文档,所以元素关系的处理在界面中尤为重要,在一定场景下,处理不当的信息关系会让信息的传达变得模糊或干扰阅读,进而影响用户在产品中的使用体验。其中,信息关系包含界面中的组合、层级、分割等。

(1)组合

"物以类聚",界面内需明确传达各元素间的关系。

- **辅助信息应服务于主体信息**

辅助信息为主体内容的延续说明或补充操作,作用为服务于主体内容。同一组合内,各内容间要有明确的关系与合理的顺序,且辅助信息不能抢镜,例如朋友圈,清晰传达关系的同时,以内容为主的阅读方式不会被头像内容干扰(模块颜色的深浅代表信息主次)。图 1 为信息间的关联性,图 2 为以内容为主的阅读方式。

信息结构

阅读顺序

279

- **关系越紧密的内容距离应越近**

  根据格式塔原理——在形式不变的基础上，元素之间的距离越近，越易被视为同一组合，如 airbnb 的距离，文案与头像、图标等更易被视为一组，其距离为 10px，再向上一个维度，图片和文案、图标等被视为一组，距离为 18px，再向上一个维度同理。但当距离处理不当时，信息的传达就会变得模糊，例如错误案例中的第二排信息，它可以被视为第一组，也可以被视为第二组。

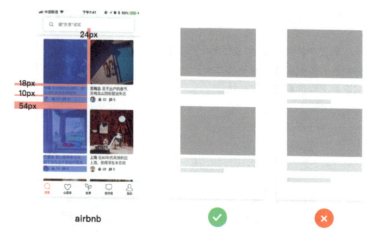

（2）层级

同一界面中会存在多种元素，如图片、图标、文字等，那么它们应该存在主次之分，用户最先看到主信息后视觉向次要层级过渡，界面的层级关系主要体现在界面中的主次、优先级、层数，那么，如何通过这三点来提升结构中的品质感？

- **主次分明、避免层级混乱**

  清晰的层级结构，能让用户更快地获取重要内容，同一组合下其信息一定有主要展示和次要展示。可以通过位置、面积、颜色三个维度建立主次层级的对比度。

  在中国，用户的阅读习惯为从左上至右下，所以用户对左上区域的观察最优，依次为右上、左下，而右下最差。因此，左上部和上中部被称为"最佳视域"。信息内容在界面内的占比面积越大，信息越是突出。

  这几点在电商平台上效果尤为明显，位置更佳，更大的展示区域对于商品的点击率起着至关重要的作用，移动端产品的信息处理也如此。

- **同一组合下，有且仅能有一个最重要的内容**

  大家是否在多个需求方合作时遇到类似场景——"我这个需求的内容很重要，需要加大""我这块内容也重要，需要加大""我这个需求的内容最重要，需要加大"。

  当所有的内容都重要，那么也就等于所有内容都不重要，另外信息的优先级不只取决于主要信息是否够大，而是主要信息和次要信息的对比度。

- **同一页面，信息层级不宜过多**

过多的信息层级会让页面变得复杂，增加用户的理解成本。冗余的信息展示会让界面变得凌乱琐碎，在一定程度上会干扰用户的使用体验。

简单的内容可以增加层级，让用户更易提取有用信息，而复杂的内容需要合理地简化其层级，其核心为把控层级数的"度"，一般情况下界面应控制在 3 层信息以内。

所以，主次分明、优先级明确、层级适当，会让界面的信息传达更清晰、明确，进而增加用户使用中的舒适度。

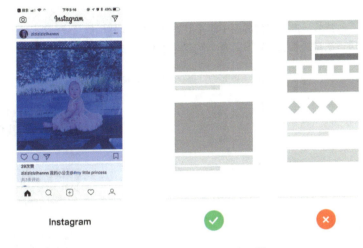

Instagram

（3）分割

分割是用于区分不同信息与分类的方法，在移动端很常见，不同场合下，合理进行分割是提升信息易读性的必要因素。

分割可以分为距离分割、线性分割、面性分割（背景色分割）、颜色分割。

- **距离分割**

增大两模块的距离可起到分割内容的作用，如上文"关系"中的组合，元素间的距离越远，越不易被视为同一组合。其好处是可以省去分割元素，减少视觉层级，让界面更干净、明快。

airbnb

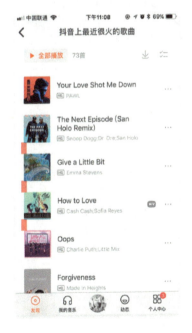

虾米

- **线性分割**

  线性分割是目前界面中最常用的分割方式，其优势是线自身"较轻"，不易干扰用户。值得注意的是线本身不重要，不宜过度强调，应点到为止，所以线的颜色不宜过重。

虾米　　　　　　　　　土豆

- **面性分割 / 背景色分割**

  当处理多层级、信息复杂的场景时，在单个模块里已经用了线性分割的情况下，可能需要更强一点的分割方式来表明模块与模块间的关系，这时我们可能需要面性分割方式。这种方式像是在灰色的背景上，罗列着多张卡片，这样能更明确地表达两组内容的分割感，但其缺点是会较明显地增加界面层级。

陌陌　　　　　　　　　keep

- **颜色分割**

在信息的表现形式重复性较高，容易被看混的情况下，颜色分割是更为合适的选择。

在起到分割作用的前提下，分割方式越轻，越不会干扰阅读，界面越干净。

悟空理财　　　　　　　　　　网易严选

以上为界面中的信息关系，可以总结为以下三点。

1. 界面中的组合能让信息关系更缜密。

2. 层级能让用户更快地获取重要内容。

3. 分割能让用户更清晰地区分不同模块间的关系。

2. 字体

文字字体是界面结构中的重要组成部分，也是多数场景下信息传达最为准确的方法。合理的字体结构能够增加用户的阅读体验，提升用户在产品使用中的舒适度。**其包含字体的可读性、对比度、间距。**

（1）可读性

可读性是指字体是否易于阅读，会不会存在困扰，可读性是字体在界面中需考虑的基础因素，也是首要因素。字体的信息传达需精准、明确。其中

不同的字形，在小号的情况下表现不同

字形的选择是字体可读性的核心因素，**字形选择包括字形的场景适应和字形的适度性。**

- 字形的场景适应

不同的字形会带给用户不同的感觉。由于场景需要，我们在一定情况下会选择自定义字体。当我们选择不同的字体时，需要考虑字体在产品内不同模块下是否易于阅读。

- 字形的适度性

字体本身不宜抢镜。随意的、抢眼的字体在一定场景下能够带来足够的氛围感，但当用户长期使用就会出现"视觉疲劳"，其原因是字体本身的设计抢走了用户正常的在该场景下阅读或使用的内容和信息的注意力。

（2）对比度

字体的对比度能够建立字体间的层级关系，字体的层级关系可以通过字号、加粗、字色的调整来建立。

- 字号

字号用于区分不同层级的信息内容，为了保证信息的快速传达，不同层级的字体需有一定的优先级顺序。

界面内的主文案/一级文案应精简明确。假设用户只会在这个界面停留三四秒，能够吸引用户继续浏览界面的就是一级信息。当一级信息文案字数过多，会增加用户刚进入页面时的阅读成本，进而降低阅读体验。

另外，移动端小于 24px 的字号应慎重使用，虽然小的字号会让版式更加精致，但当同一场景下，小于 24px 的文案字数偏多时，会影响用户的正常阅读。但可用于弱化的文字链、标签等字数少的场景。

- **加粗**

  字号相同,字体加粗也是区分不同层级信息的一种方法,当两个信息区分度不大、界面层级过多、需要减少层级的场景下,可以选择加粗部分内容建立轻度对比。

- **字色**

  我们画画的时候,时常会听到老师说"要注意画面的黑白灰"。在界面设计中,也是一样,我们需注意各层级字体间的黑白灰关系。明确的画面黑白灰关系会让界面变得更干净、清晰。另外,当不同明度切换时应保持色相/饱和度不变。

(3)间距

在界面设计中,字间距和行间距会直接影响用户的阅读效率。过于紧密的间距会让字体间失去"透气性",根据我们正常的阅读顺序来讲,字间距要小于行间距以便每一行更易被视为一组,进而给用户带来更好的阅读体验。我们可根据文案长短、字号大小来制定更适合阅读的间距。

总的来说,可读性是字体的基础,明确的字体对比度能够让信息层级更加清晰、干净,而合理的字间距能够在无形中提升用户的阅读体验。

3. 信息对齐

最后一点是信息对齐，对齐是界面结构中的一部分，合理的对齐方式能够使界面内的信息变得更规整，内容传达更明确，元素间的关系更具节奏感。

对齐能够建立元素间的联系性，保证界面具有一定的统一性。

（1）联系性

同一组合内的不同元素间需有明确的对齐关系，其关系能够清晰表达不同元素间的亲密性。

- **元素间的居左对齐**

在文案的字数偏多一些的场景下，居左对齐更符合用户的阅读习惯。

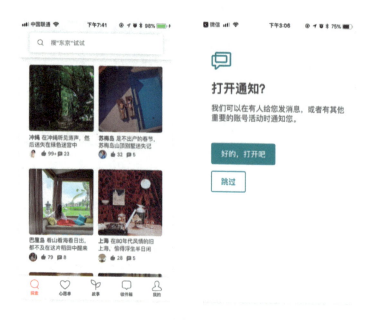

- **元素间的居中对齐**

在内容信息较少情况下，居中对齐更易于建立界面的饱满度，减少页面大面积空白的视觉失衡。较大的图形，很难做到与文案视觉上的左对齐，所以，在一定场景下，居中对齐可能会带来界面体验上的意外收获与效果。

- **界面内的居右对齐**

  界面内一般不会用居右对齐的方式来**建立两元素间的关系**，但是界面内会存在**和屏幕建立右对齐关系**的元素，与屏幕右对齐的元素一般为主体的解释说明以及辅助操作等。一般情境下，当用户阅读完主要内容信息后才会对操作类的功能有需求，如查看购买、关注、查看更多、进入下一页面等。

（2）统一性

另外，不同组件间也需要合理地建立对齐关系，为了保持界面对齐方式的简洁性，同一界面内建立的对齐模式不要过多。

总结

界面的结构是提升界面品质感的关键，而合理的信息关系、字体、对齐方式能够让界面的结构更加完整、精致。希望每个设计师的作品都更加精美。

设计师如何提升自己的设计竞争力

大家最近是否发现设计师间的竞争越来越激烈，随便一家公司的 HR 手里都握着上千份设计师的简历，而想要从这些简历中脱颖而出也变得越来越困难。那么，是什么导致了上述这种现象呢？

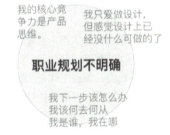

潜在原因

决定设计师竞争关系的原因包含了行业发展、市场行情、设计师自身能力等。行业发展为互联网的行业发展，在过去几年，互联网行业高速发展时期催生了很多设计岗位，进而促使大量的人投入其中，当行业去泡沫化之后，岗位相对缩减，就会造成一定的岗位供不应求。所谓市场行情就是指当前互联网设计行业逐渐增多的竞争对手，每年各院校以及各种培训机构培养的设计师与日俱增，也是促使设计师竞争不断增大的重要原因。这两者在设计师不转行的情况下为不可抗力因素。第三点是设计师自身能力，这一点可以通过设计师自己的学习与思考得以提升，在前两点原因为定量不变的情况下，自身能力在提升竞争力中就变得非常重要。但也并不是自身能力优秀的设计师就会在所有场景下都有足够竞争力，竞争力往往需和招聘公司的诉求结合来看。在提升自己能力的同时，也需考虑到什么才是最符合公司诉求的设计师。

什么才是更符合公司诉求的设计师

不同公司所处阶段不同，设计团队的着重点、定位也不同，公司大概可以分为"初创公司""发展中期公司""稳定型公司"。同时每个公司对于不同级别的设计师的要求也不同，无疑更符合公司需求的设计师在该公司的招聘中，竞争力会变得更大。公司对设计师的不同诉求来源于公司不同阶段对设计师的诉求或同一公司对不同级别的设计岗位的诉求。

1. 不同阶段的公司对设计的核心需求不同

更准确地说应该是不同的公司或团队对设计师的核心需求不同。其源于公司当下的核心方向和当前的痛点。

（1）初创团队

当公司是创业初期公司，公司层面的核心战略多为快速搭建业务体系，验证市场，这个时期公司对设计师核心定位多数主要为支持业务的快速验证或协助业务提一些有效意见。期间设计师应高效、高质地完成业务需求，支持其快速得到市场验证。

（2）发展中期公司

在此期间，公司基本业务、产品已搭建完成，需要不断地完善过程，这个时期的设计团队本身应该对公司当前阶段的目标有一定改观，设计团队招聘的核心需求也会变化，如何在设计中结合产品和技术解决遗留给用户的问题以及如何更好地传达给用户自己的产品，即团队需要的核心为快速的业务需求问题应对能力。

（3）相对稳定型公司

公司各个方面的需求相对已经完善，且已有很大的用户规模，这期间每一点改动都会造成严重的影响，设计需更加严谨。同时，此期间产品已经积累了大量的反馈与数据，这个时期的设计团队在满足前两者能力的基础上，重点工作是如何能结合数据与反馈发现当前系统性的问题点和提升点，并自发地通过设计方法解决问题，提高竞争力，即设计驱动创新能力。

2. 公司对不同级别的设计师期望点不同

另外,一个相对大一些的公司可能同时需要设计师、高级设计师、资深设计师等(每个公司的叫法不同)以方便不同级别的设计师都能有最多的精力发挥其最大的价值。为了更好地发展,公司在创业初期、发展中期时同样会渴望有资深设计师的加入。但在初期阶段,上线燃眉之急,设计师还要在搞需求设计的时候深度研究图标基于移动端方向的运用等方法论肯定是不合理的。在大环境下资深设计师的着力点也是高效、保质完成业务需求。

所以,设计师自身的核心竞争力就是在各种阶段下都能应对相应问题点的能力,即工作能力的体现。

3. 设计师的工作能力包含哪些

设计师的工作能力包括设计专业能力,以及辅助能力(包含产品知识、技术知识、用研知识、业务知识、运营知识等涉及合作的其他内容)。

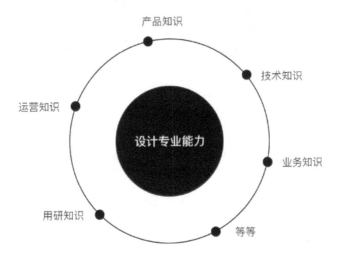

很多设计师往往在短时间工作之后会出现一种心理,认为当下行业内的设计师大多数不懂产品以及业务,并以此建立自己的竞争力,认为自己的核心竞争力在其他跨界知识上,而忽略了自己还未成熟的设计专业能力。跨界能力确实必要,但是作为设计师,其核心能力仍然为设计的专业能力。那么,为什么对于设计师来说设计专业能力是核心?举个例子,大家如果玩过王者荣耀,就可以理解为:

设计师自身的知识框图分布就好像王者荣耀的阵容搭配。首先缺少辅助职位(也就是辅助能力)这局肯定没得玩,尤其是到后期时。但是蔡文姬(辅助)开局拿9个人头的作用远远没有刺客、射手拿9个人头的作用大。所以一定要清晰定义自己知识框架的核心点所在(当然精力充沛的队伍每个人都拿9个人头也是没啥问题的)。

每个职业都有自己知识框图里的关键职位，当你的产品能力大于你的设计能力，那么也就可以理解为去面试产品经理职位的优势大于面试设计师职位，当然那个时候你的核心点就是在产品经理的行业内的基础上考虑其竞争力了。

4. 设计师的设计专业能力包括哪些

我们确定设计专业能力为设计师的核心竞争力。那么设计的专业能力包含哪些？首先所说的设计专业能力并不单指界面的绘制能力，设计师的不同阶段会追求不同的能力。在我们刚毕业的时候会一直追求界面设计的极致美感；当过了一段时间，我们会去想如何结合界面解决业务上的点对点问题；再过一段时间，我们会去想如何以设计驱动创新；再过段时间或许有更深的看法。所以，设计的专业能力因设计师的工作时间与环境而议，它或许是一个永无止境的创新过程。

如何在设计上建立自己的竞争优势

那么，如何在设计上建立自己的竞争优势？当我们明确当下的设计方向后，需针对性地提升我们的专业能力。简单来说，即设计知识框图中辅助设计能力的提升。

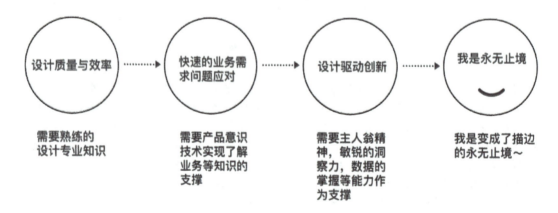

1. 如何提升设计质量和设计效率

首先设计是通过设计基础（如版式、颜色和图形等方法）传达给用户某些信息的过程。那么，设计质量就包含了传达过程是否足够合理，如信息传达是否清晰精准，以及用户的使用体验是否够好。而精美的界面会带给用户良好的使用体验，这些往往体现在设计基础细节之上。清晰自己的缺点所在，并针对性地多看多练习，是弥补硬伤的一种方法。另外，一个可以举一反三的思路能够让设计师更快地进步。

| 版式 | 颜色 | 图形 |

提升设计效率的方法为提升设计的熟练度和明确合理的设计思路,当我们遇到了足够量的类似诉求,并经过相应的思考,那么这类诉求便能够轻松应对,这是一个长期思考与积累的过程。

2. 如何建立快速的业务需求问题反应能力

为了避免沦为纯粹的执行者,设计一定要围绕着战略目标、受众用户。首先要清晰公司的战略目标、当前问题等涉及的尽可能多的信息量,并每次最好能提前接触到项目,在需求提到设计的时候已经带着自己的想法了;其次在自己的知识框架里要有产品意识和技术实现的了解。能跳出设计本身、站在战略维度和用户维度思考问题,成为整个需求环节中掌握信息量最大的角色,同时能够结合自己的专业知识,应对并解决需求问题,发现产品可能出现的问题并提出产品层面的合理意见等。工作过程中掌握信息最少者最为被动。

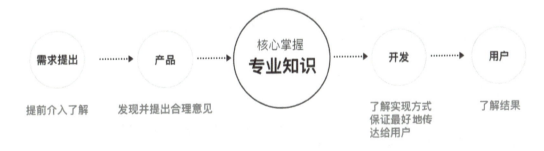

需求提出 → 产品 → 核心掌握 专业知识 → 开发 → 用户

提前介入了解　　发现并提出合理意见　　　　　　　　　　了解实现方式　　了解结果
　　　　　　　　　　　　　　　　　　　　　　　　　保证最好地传
　　　　　　　　　　　　　　　　　　　　　　　　　达给用户

3. 如何做到设计驱动创新

驱动创新需要设计师一定的自发能力,发生角色转变,能够自发地通过当前的相关反馈或数据发现其问题点或提升点,归纳梳理并找到当下最为系统性的、优先级高的问题点,并通过设计的方法解决,得到正向结果。值得注意的是,设计确实可以解决系列问题,但设计并不能解决所有问题,所以我们在观测问题点的时候应该有选择地观测一些和设计有一定关联性的内容,避免方法不对造成时间浪费等现象。另外,很多时候我们往往会为了设计刻意去做一些分析,在这种先入为主的场景下,会强行赋予设计一些含义,但这些往往并不是用户真正想要的,在我们寻找问题点以及解决方法的时候,应尽量避免反向地为了做设计而去寻找问题点和提升点,这可能会让其结果不是很理想,长期以来可能会降低团队对设计的信任感等。

4. 个人理解的设计师发展还包括一系列能总结的解决方法

个人理解的设计师发展还包括了一系列能总结的解决方法，并提出一个更加系统的方案，或许会变成一个社会性问题的解决方案。比如技术类的指纹识别的出现，"其实往小了说只是在安全性不降低的情况下，操作上方便了一点点"。但所有涉及的场景都方便了一点点后，这些就变成了一个非常系统性的提升点。

结语

总而言之，通过自身角度提升竞争力，即提升自己当下的工作能力，而工作能力的提升往往需要其正确与合理的方向。每个人在一定环境下都需规划自己当前的目标，并朝着目标学习与实践。当前设计师的竞争力确实在不断变大，但往往只有竞争才能进步，才会有更多突破性的设计诞生，才会有越来越精美的设计。

为什么你的设计时间总不够用

在设计工作中，是否经常觉得留给设计的时间不够用？是否经常遇到以下问题？

场景 1

总感觉自己的设计差了点什么，导致设计上反复尝试。终于在交稿最后一天感觉 ok 了，兴致勃勃地拿去交工，然后得到这样的反馈——"这个不行，这不是我想要的"。

场景 2

"多久能设计完？尽快？尽快是多久？""这个需求简单，随便搞搞就行了！""要设计 5 天？啊呀，不用那么精致，差不多就行了！"

为什么会这样

类似的事情在设计行业已经变成了大家都懂的梗，但是为什么会这样？导致这种现象主要有两方面的原因：自身原因和外界原因。

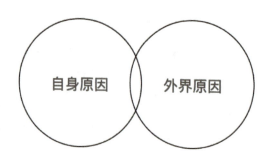

1. 设计师自身原因

自身原因是指不是由外界导致的，而是能够通过自己的改变而改变的原因。自身原因导致设计时间不够主要有两点：设计缺乏说服力导致频繁改稿，自己设计时间估时不精准。

（1）设计缺乏说服力导致无节操改稿

设计方案缺乏说服力在设计行业内普遍存在，主要源于设计师自身对设计方案思考的片面性。设计方案缺乏全面、细致的思考，导致方案和目标偏离、方法不合理、细节不够，需求方的"建议改稿"就会在所难免。长期下去合作方会逐渐对你失去信任感，进而导致更多的改稿，恶性循环。当出现上述情况，可以先思考以下几点。

- 是不是设计目的不明确？

设计本身是一种解决问题的系统性方法，并不是一个结果，不能为了设计而设计。没有目的性的设计会导致大方向出错，就好比一把狙击枪打错了目标，即使威力再大也是徒劳的。

- 是不是设计思路不正确？

很多设计师在接到需求的第一时间打开 PS 或其他软件直接开始试错，缺乏目的的设计很容易在中途发现错误或更好的方法，要么推翻重改，要么将就地给上游看。当然，结果肯定不会很理想。

- 是不是细节经不起推敲？

细节缺乏考虑的设计，无法阐述每一处设计的目的。当其他人提出疑问的时候，要么不能应对，要么强行应对，两种一定都很负面。

（2）设计师估时不精准导致时间不够用

除了设计缺乏说服力导致的改稿，设计师的估时问题也是导致设计时间不够用的重要原因。一般情况下，设计时间为多方协商后得到的一个时间值。当时间确认后再延误可视为不能按照预期完成任务，进而导致下游无法按照时间开工等延期问题，属于工作中的事故。自身估时不精准主要由两点原因导致。

- 估时不合理

估时不合理就是说设计师不能全面地评估设计时间，导致估算的时间过短或过长。看到界面数量直接估时，不了解需求目的以及缺少设计难点的考虑，自己不能在估计的时间内按时完成。

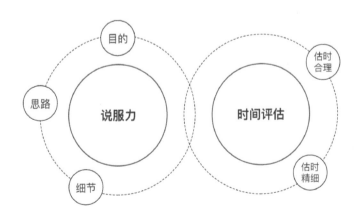

- **估时不精细**

  需求模块估时不精细，不能清晰阐释其时间去向，导致评估的时间不可信。对于其他岗位来说，大多不了解设计过程以及设计难点在哪，不能清晰阐述其难点在哪很容易被领导压时间或贴上负面标签。

2. 外界原因

当然也有不是设计师本身导致的，比如以下的外界因素。

（1）需求方反复变更，导致设计方案不断更改。

（2）需求方出方案时间过长导致下游全部时间不够。

（3）需求方没能全局把控时间，没全面考虑其时间周期等。

所以，一套有说服力的设计以及精准的设计时间评估是设计师提升自身效率的核心，而能够发现项目效率问题所在是团队提升整体效率的核心。

怎么办？

那么如何让你的设计更有说服力并精准地制定你的设计时间？以及外界原因如何应对？

1. 让你的设计更有说服力

首先增加设计的说服力并不是指要设计师要多能说、多会说，而是建立在设计方案思考的全面性、专业性上。进而增加合作方的信任感，达到良性循环。设计方案的全面性包含了设计目的、设计思路和设计细节。

（1）明确设计目的

明确设计目的核心为提前沟通，提前了解需求以及项目过程中的思考。包括以下几点。

需求目的　数据　对已有场景的影响　用户与场景　设计期望 时间期望

- **需求目的**

  需求目的并不是说需求方想做什么,而是做这个需求的目的是为了解决什么问题。项目设计前,了解需求目的很重要,一是能够避免设计师不了解需求导致的设计方向出错的改稿问题,二是可以在用户用到产品之前多一个维度去为产品提些建议,让需求更完善。

   为了提升用户点击率　　 我要做一个有逼格的功能

- **数据**

  数据可以相对客观且更有说服力地反映功能的正确性,避免各方的拍脑袋判断导致的需求方向错误,从 0 到 1 的需求可以没有数据,基于已有功能的优化需有数据支撑,证实问题的客观存在,避免出现伪需求。

   核心功能点击率只有10.5%
基于此进行优化　　 我觉得这样做是用户想要的

- **是否对已有的场景造成不良影响**

  应对需求需系统性考虑,避免单独需求的产出对系统级的设计造成影响,导致体验不统一或开发难度大以及各种后期改稿问题。

   重复场景保持体验一致　　 不用考虑那么多,再做一套

- **用户与场景**

  不同的用户在不同场景下的使用习惯会有差异,比如成年人与儿童对界面的偏向性,或者说在开车时使用与在卧室使用的差异性等。如不站在当下的场景内设计会严重影响该用户的使用体验,所以需求用户是谁,在什么场景下使用需明确。

   高价值人群为白领
一般在睡前使用　　 啊?人家微信也是这么做的

- **明确需求期望和时间期望**

  各个项目的背景不同,可能存在一些项目具有时效性,过了时间项目即作废的情况,例如一些实时热点。也可能需求方存在着明确的设计表现期望,如包含动效期望,插画的需求期望,都要提前沟通清楚,避免实现时间与预期不符。

   三张插画,预计N天完成　　 什么插画?什么时间?
我是谁?我在哪?

（2）清晰的设计思路

设计思路就是指设计师自己内心的设计流程。整个项目也需要流程，让涉及的各个环节更清晰、高效完成，设计自身也有流程，让自己的设计更高效。设计思路不清晰往往会让接到需求的设计师手忙脚乱，改来改去，还是有问题。清晰的设计思路需遵循一定的流程，可以分为五个步骤。

- 围绕战略目的、目标人群以及使用场景考虑，任何项目的方向都可以归属于这三个维度。
- 确定三个维度的调性后，通过其三个维度提取与筛选关键词。
- 围绕关键词确认设计调性。
- 围绕设计调性结合具体场景思考与执行。
- 具体细节打磨，基于设计调性以及场景考虑来提升品质感与好感度。

（3）让细节经得起推敲

设计细节在设计中非常重要，它往往体现了设计师的严谨度。一处的细节考究可能带来明显的效果，但积少成多的细节就会给用户带来整体的体验影响。我们在跨部门合作当中，会不会被问到细节问题因工作环境而议，但当被问到的情况下应该能够轻松应对。

- **细节的客观性**

每一处的设计元素需有它的作用，作用可以是烘托氛围、区分信息或指引阅读等。当某些设计元素失去它存在的作用，那么在一定程度上它可被视为增加阅读负担的冗余信息，应尽量避免该类设计元素。

- **细节服务于整体**

每处细节的目的都应服务于整体，在某些情况下我们会突然对一些细节灵感迸发，并试图强行加入该细节来满足设计师的自我情感，但这些细节和整体的关联性往往不大，甚至是偏离的。这样的细节，即使再好也要理性对待，避免对整体有负面影响的细节设计。

可以总结为以下几点。
- 明确的设计目的能够让你的设计和需求建立极强的契合度，推翻设计就等于推翻需求。
- 清晰的设计思路能够让你的设计环环紧扣。
- 经得起推敲的细节能够让你的设计细化到每个元素都缺一不可。

一套这样的设计方案就好像一杆枪枪命中要害的"狙击枪"，还有什么击不碎的目标呢？

2. 如何合理地评估设计时间

设计师的精准估时在整个项目中起着非常重要的作用，我们在工作中跨部门合作高度密切，在这样的环境下，时间评估失误不仅关联着设计师自己的时间，也可能拖慢整个公司的进度，后果非常严重。合理的时间评估主要来自设计师对任务的分解能力，以及对单向任务的预算。评估时间需严谨，切忌随便承诺。设计时间的评估可以归类为方法探索时间和执行时间。

（1）方法时间评估

如果建立在详细评估了的需求上来说，设计师已经能了解需求包含了什么内容，也一定有在设计上很难处理的模块，如用户难理解的功能如何表达清晰、难适配的功能应该采用怎样的展示方法、状态太多的情况如何处理、信息过载的模块等。分别评估其设计时间。

（2）执行时间评估

执行时间即为设计师打开软件作图的时间，如界面存在大量图标或需要大量图标、大量插画、动效等需要执行时间长的需求，需着重考虑执行时间。

3. 如何尽量避免外界因素

设计时间不够用也并不全是设计师自身因素导致的，外界因素也会导致设计时间不够用。外界因素是当下环境或其他人因素导致设计时间不够。这种情况，无法通过设计师自己的能力得以解决，但可以通过一些方法尽量减少或避免。

（1）提前沟通

避免外界因素最关键的一点是提前沟通，尽可能分析需求目的的正确性以及可能遇到的问题。也就是说提前参与到产品环节，这句话其实已经被很多人提起过，这种方法在一定程度上能够解决一些由于设计师前期不了解需求导致的系列问题。但其缺点是让设计师变相地增加了很多工作量。所以可以分场景而定，重要且陌生的模块需要提前介入，已熟悉的模块优化或相对次要的可以适当放宽些来均衡时间。

（2）明确职位责任

设计师往往没有办法把公司的活都干了，以及对其专业方向并不一定绝对擅长。一般情况下，设计师可以站在用户使用角度对产品提一些建议。所以职责还需明确，并对自己的产出结果负责，该是谁的锅就该谁来背。

（3）如何让其他人理解设计时间

由于其他行业人员并不是很懂设计，所以往往无法理解设计的时间去向，如直接传达一个需求需要两周这样的大时间概念，往往不能被接受。在这种情况下，可以分别阐述这套设计的时间分别耗在哪儿，每个模块各需要多久。大的需求最好拆分后列出表单，以便于需求方更快捕捉到哪块时间不合理，再细谈。精确的时间更有说服力。

（4）需不需要精细化设计到底应该由谁决定

当然，理论上每处设计都应该精细化，但是由于精细化是一个永无止境的事，结合项目本身考虑，需理性一些。需不需要精细化应该由场景的重要程度、上线时间决定。不应由各职位一方决定。一个重要的场景可能让用户形成对产品品牌认识的第一印象，若用户对产品有了负面印象，后期改善他的看法的成本会变得无穷大。作为设计师，需要严格把控方案的落地以及评估其体验的风险。

结语

一套具有说服力的设计方案可以减少不必要的设计修改时间，一个合理的时间评估能够保证设计工作的正常进行。另外，更快发现以及解决外界问题可以提升整个团队的合作效率。希望每个设计师都有一个更美好的工作环境。

周彭（Neil 彭彭）
高级视觉设计师

高级视觉设计师 / 简书互联网优秀作者 / 公众号 - 彭彭设计笔记作者；曾于上海美特斯邦威 - 有范产品部任职 UX 设计师、上海饿了么 UED 任职视觉设计师；有着丰富的移动端和 PC 端 UI 设计经验，擅长动效设计，主张设计师不仅要关注用户体验，还要培养产品设计思维，用设计为商业赋能。

喜欢写作，专注输出 UI／UX 设计领域高质量文章；爱好读书，对设计、自我管理、哲学、心理学、健康等领域的知识非常感兴趣；坚持运动，提倡以健康的姿态努力工作和生活。

写给设计师看的数据知识

作为设计师，你是否遇到过这些问题：一直都在做产品的体验优化设计，但怎么知道是否真的有所改进？有 A、B 两种设计方案，要怎么理性地判断和选择最优的那种？都说要以用户为中心做设计，除了用户调研，还有什么别的方式可以了解用户……

以上那些问题，其实都可以通过数据验证得出结论。在产品研发流程中，数据是基石，也是驱动设计的核心因素。本文通过常见的概念和案例分析，总结了关于数据方面的一些基本知识，主要内容包括以下几点。

- 设计师为何要看数据？
- 设计师要看哪些数据？
- 设计师如何使用数据？
- 设计中常遇到的问题。

设计师为何要看数据

1. 更好地了解用户

设计师需要了解用户，而数据则是对用户的目标、行为、态度等情况的量化。通过数据分析，我们可以更好地洞察用户的需求，进而为用户提供更好的体验服务。

2. 有力地支撑设计

不同于艺术的感性和纯粹，商业设计需要的是理性地观察和思考，数据是理性化的一种方式，是发现问题、判断思路、验证设计的重要依据，可以帮助设计师提升设计的正确率。

设计师要看哪些数据

1. 常见的数据指标

在分析和使用数据之前，需要清楚地知道不同数据指标的定义，以下列举了一些设计师常用的数据指标及其定义。

（1）点击率

点击率是指网站页面上某一内容被点击的次数与被访问的次数之比。反映了网页上某一内容的受关注度，经常用来衡量广告的吸引程度。

（2）人均页面访问量

人均页面访问量是指平均每个独立访客访问页面的次数，即 PV/UV，用来评估网站的深度。如果是内容型网站，人均页面访问量越高，说明内容越有价值，对用户越有吸引。

（3）转化率

转化率是指用户进行了相应目标行动的访问次数与总访问次数的比率。比如 100 次访问中，有 10 个登录网站，那么网站的登录转化率就为 10%。用来衡量流程页面的转化效能，是任务型产品的重要衡量指标。

（4）跳失率

跳失率是指只访问了入口页面就离开的访问量与总访问量的百分比。反映产品是否有足够的吸引力吸引用户深入访问，是衡量网站内容质量的重要标准。

（5）平均停留时长

平均停留时长是指浏览某一页面时，访客停留时长与页面独立访客数之比。在任务型产品中，停留时间越长表明信息架构越不清晰、效率低；而在内容型产品中，更长的停留时间表明内容对用户更具吸引力。

2. 用户体验指标

设计师一般聚焦于用户体验质量的提升，因此需要满足用户体验相关的数据指标才能更好地完成设计目标。根据用户体验周期的 5 个阶段（触达 - 行动 - 感知 - 回访 - 传播），对应得出以下 5 个体验指标，简称 "5 度" 指标。

（1）吸引度指标

吸引度是指在操作前，产品能否吸引用户来使用、能否吸引用户产生相应的行为；相关的吸引度指标包括：**知晓率、到达率、点击率、退出率**等。

（2）完成度指标

完成度是指在操作过程中，用户能否完成产品目标对应的操作，以及完成过程中的操作效率;相关完成度指标包括:**首次点击时间、操作完成时间、操作完成点击数、操作完成率、操作失败率**等。

（3）满意度指标

满意度是指完成操作后，用户产生的主观感受和满意度；相关满意度指标包括:**操作难易度、布局合理度、界面美观度、内容易读性**等。

（4）忠诚度指标

忠诚度是指完成一次使用后，用户会不会再次使用该产品；相关忠诚度指标包括:**30天/7天回访率、跨平台的使用重合率**等。

（5）推荐度指标

推荐度是指用户能否将此产品推荐给其他人使用，数据指标主要为**净推荐值(NPS)**。

设计师如何使用数据

1. 明确目的

（1）确定设计目标

首先根据产品改版或迭代的目标制定出阶段性的设计目标，例如：产品需要提高首页轮播图的点击率，对应的设计目标则要服务于产品目标，但可以从设计专业的角度、特长、手段，参与实现产品目标。

设计目标可以用表达式概括为：**设计目标 = 用"某设计策略"给目标用户带来"某价值"，以助力"某实现方式"**。

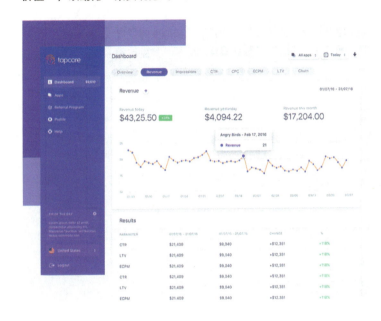

（2）设定数据指标

当确定好设计目标后，接下来是设定衡量设计目标的数据指标，数据指标可以建立一个统一的判断标准，直观地反映设计方案与设计目标之间的差距，成为迭代优化的重要依据。

数据指标的设定不是单一的，而是多维度的，例如：判断某活动页的吸引度是否有所增加，相关的数据指标可设定为：**页面 UV 到达率、点击 UV 转化率、点击 PV 转化率等**。

2. 收集数据

（1）做好数据埋点

在产品设计前，需要通过观察访问量、点击率、转化率等数据来寻找优化突破口，想要获得这些数据，就需要先做好数据埋点。所谓数据埋点，就是在正常功能逻辑中添加统计代码，将需要的数据统计出来，对于产品迭代而言具有重要的指导意义。

（2）利用统计工具

不同公司有不同的数据统计方式，一般大公司会建立自己的数据分析系统，也有很多公司会采用第三方统计工具来收集和分析数据。需要注意的是，Web 和 App 的数据统计

工具及埋点方式是不同的，常见的第三方统计工具有：

- Web 统计工具：Google Analytics、百度网站统计等；
- App 统计工具：Flurry、百度移动统计、友盟、诸葛 IO 等。

3. 分析数据

（1）什么是数据分析

数据分析是以业务场景和业务目标为思考起点，业务决策作为终点，按照业务场景和目标分解为若干影响的因子和子项目，围绕子项目做基于数据现状的分析，找到改善现状的方法。

（2）数据分析的方法

数据分析一般会包含但不限于以下几种方法，例如：

- 单项分析法：趋势洞察、渠道归因、漏斗分析、热图分析、A/B 分析、留存分析等；
- 组合分析法：针对某个细分点，进行多维度组合分析；
- 场景分析法：根据用户的使用场景，按时间、地点、任务进行分析。

（3）数据分析案例一

案例： 从某电商 App 的漏斗图中发现，在商品加入购物车之前的转化率都比较高，但在付款流程中转化率急剧降低至 8%，需要改善购买转化率低的问题。

通过事件分析，我们发现用户在"付款页"停留时间过长，约为 102 秒。在付款成功和付款失败的两类人群中，通过机型差异的对比和网络环境的对比，分析得出以下原因：

- 机型适配性较差，开发时对小众机型关注度较低；
- 付款页面加载缓慢，严重消耗了用户的耐心。

针对以上问题，我们采取对应的解决方案：

- 增强小众机型的版本适配性；
- 通过缩减图片、优化框架、预加载等策略，提升页面加载速度；
- 加入 Loading 动画设计，提升页面的趣味性，缓解用户等待时的焦虑感。

（4）数据分析案例二

案例：通过数据发现，一段时间内某社交 App 用户的注册转化率急剧下降，由原来的 60% 下降到了 20%，需要找到原因并及时优化。

针对注册用户数这个细分点，我们采用组合分析法，进行几个维度的分析来寻找原因：

- App 网络是否正常？
- 推广注册页是否异常？
- 获取短信验证码是否异常？
- 设置手势密码是否异常？

逐一排查了以上可能出现的问题，最后锁定了问题的来源：由于短信通道故障，大部分用户接收不到短信验证码导致注册失败，从而影响了注册转化率。

4. 输出结果

（1）制定方案

根据设计目标和设定好的数据指标，就可以开始制定设计方案了。其中，设计策略是制定设计方案的源头，明确设计策略之后，首先要做的是挖掘决定策略实现效果的关键因素，再由关键因素推导出最终的设计方案。

举个例子，如果把增强视觉效果作为提高广告位 Banner 点击率的策略之一，那么 Banner 色彩搭配是否协调、构图是否巧妙、文案表达是否清晰等，就成了策略能否奏效的关键因素。

（2）验证设计

设计方案制定完成后，并不意味着设计工作就此结束，还有非常重要的一步，就是用我们已经设定好的数据指标，去衡量和验证设计方案是否达到预期目标。

举个例子，针对某 B 端产品信息架构的问题，采取了信息功能的卡片分类、功能查找测试等多种研究方式，并且在列表中增加最近使用功能。新版上线后，用户找到所需功能平均时长为 87 秒，比改版前快了 21 秒，效率提升了 15.4%，本次优化达到了预期的效果。

最后，不管验证结果是否达标，都是有价值的。"达标"是对设计过程的肯定，"未达标"则是对下一版改进方向的指引。

设计中常遇到的问题

1. 无法获取数据怎么办

（1）使用相似数据

当无法获取到目标数据时，可以使用近似或同类数据来代替。例如：设计某电商首页的页面宽度时，需要了解用户电脑的分辨率情况，但后台无法获取数据，那么可以用权威机构近期发布的中国电商用户群或中国网民的显示器分辨率情况作为参考数据。

（2）开展用户调研

用户调研可以收集到统计工具无法获取的用户行为数据，也可以更加真切地了解用户的诉求、使用感受、满意度等信息。这是最普遍、最直接的来把用户的主观感受数据化的方式。

（3）通过分析推导

如果无法直接获取目标数据，可以利用现有的数据间接分析推导出目标数据，比如前面提到的单项分析法、组合分析法等，灵活地使用这些统计方法，可以获得更多有价值的信息。

2. 数据使用注意事项

（1）合理分配时间

将收集数据、整理数据、分析数据、输出报告这四个阶段提前做好安排，预估每个阶段需要花费的时间，标注出重点内容，合理分配时间。

（2）注重数据分析

将重点放在数据的分析上，而非数据的大量收集上。若在数据的收集上投入大量时间，在交付需求前很难有时间深入分析数据，最后提交的总结也会没有太大价值，所以，在获得足够的信息后便可进入数据的整理和分析阶段。

（3）数据有时效性

数据可以反映趋势、效果、偏好等信息，但随着时间的推移，数据也会发生相应的变化。数据也有时效性，历史数据可能无法反映当下的情况，也就不能拿来做设计决策。数据越实时，越能作为对当下问题判断的依据。

写在最后

无论是用数据指标做效果衡量，还是用数据指标进行问题判断和原因锁定，客观公正的态度和科学的实验方法都是最重要的。

数据相关的知识体系非常复杂，甚至需要有专职的数据分析师或用户研究员参与，文中列举的是一些基础的数据分析方法，或许不太全面，只是个人阶段性的心得总结。

作为一名理性的设计师，通过观察数据、分析数据，并利用数据来助力产品和业务的成功，是我们成长的重要阶段，也是我们的伟大使命。

读者服务

读者在阅读本书的过程中如果遇到问题，可以关注"有艺"公众号，通过公众号与我们取得联系。此外，通过关注"有艺"公众号，您还可以获取更多的新书资讯、书单推荐、优惠活动等相关信息。

扫一扫关注"有艺"

投稿、团购合作：请发邮件至 art@phei.com.cn。